河南省高等学校哲学社会科学优秀著作卓越文库

城市水循环系统
健康发展路径

董光华　著

中国水利水电出版社
www.waterpub.com.cn
·北京·

内 容 提 要

本书拟基于二元水循环理论、系统论、循环经济理论、绿色发展理论等相关理论，对城市水循环系统的演化规律和健康发展内涵、现状评价、提升路径进行研究。在理论支撑下，对城市水循环系统的演化过程、内部结构及健康内涵进行理论分析；在"配给机制"和"约束机制"的影响下，研究城市水循环系统表现出的"渐变"和"突变"的过程；进而基于实体-联系概念模型构建健康发展指标体系，并引入"集对指数势"的概念来定量分析评价指标对系统的影响趋势；建立城市水循环系统健康发展评价函数，实现城市水循环系统健康发展的多指标问题向单指标形式转化；结合城市生态系统的发展和国家政策发布提出城市水循环系统健康发展路径。

图书在版编目（CIP）数据

城市水循环系统健康发展路径 / 董光华著. -- 北京 ：中国水利水电出版社，2024. 8. -- ISBN 978-7-5226 -2729-8

Ⅰ．TU991.31

中国国家版本馆CIP数据核字第2024XZ9321号

书　　名	城市水循环系统健康发展路径 CHENGSHI SHUIXUNHUAN XITONG JIANKANG FAZHAN LUJING
作　　者	董光华　著
出版发行	中国水利水电出版社 （北京市海淀区玉渊潭南路 1 号 D 座　100038） 网址：www.waterpub.com.cn E-mail：sales@mwr.gov.cn 电话：(010) 68545888（营销中心）
经　　售	北京科水图书销售有限公司 电话：(010) 68545874、63202643 全国各地新华书店和相关出版物销售网点
排　　版	中国水利水电出版社微机排版中心
印　　刷	天津嘉恒印务有限公司
规　　格	184mm×260mm　16 开本　9 印张　213 千字
版　　次	2024 年 8 月第 1 版　2024 年 8 月第 1 次印刷
印　　数	001—800 册
定　　价	**80.00 元**

前　言

　　城市是人类文明的集中地，是社会经济发展过程中形成的具有封闭特性的区域。随着城市规模的不断增大和人类活动的不断增强，城市水循环模式、结构以及功能处于不断演化的过程中。与之伴随的是一系列突出的水问题，主要表现在：第一，城市社会经济系统的用水需求导致社会水循环通量急剧增加，进而导致了水资源供需矛盾日益尖锐；第二，城市基础设施的建设改变了下垫面状态，进而改变了城市单元的产汇流特点，所造成的热岛效应导致了自然水循环的紊乱；第三，城市生活废水以及工业污水排放造成的水体污染，影响了城市水资源正常的服务功能。

　　面对城市的这些水问题，学术界和行业内针对如何实现水资源的可持续利用及评价开展了大量的学术研究以及投入了大量的资金，对城市水循环系统健康发展的研究有一定的推动作用。由于城市水循环系统结构愈加复杂以及和外部环境物质能量的频繁交换，使得城市水循环系统健康发展的内涵有了很大的改变。因此，深化现有研究成果，以城市水资源系统、社会经济系统和水环境系统协调发展为目标，构建涵盖水资源、水环境、社会、经济等指标在内的水循环系统健康发展评价体系和模型，以期能够弥补现有研究中的不足，提高水资源的利用效率，促进城市水循环系统朝着健康的方向发展。本书的主要内容为：

　　（1）在相关概念和理论支撑下，对城市水循环系统的演化过程、内部结构及健康内涵进行理论分析。在"配给机制"和"约束机制"的影响下，城市水循环系统表现出一种"渐变"和"突变"的过程。而要促使这一过程向着健康的方向发展，需要实现城市自然水循环和社会水循环的内部协调，主要表现为实现水资源合理开发、高效地利用、减少污染排放，从而实现发展的效益性、持续性和协调性。

　　（2）考虑城市水循环系统的复杂性和开放性，基于实体-联系概念模型选取了 9 个实体指标和 22 个联系指标。在准则层构建方面，基于 PSR 框架模型分析了指标间的压力-状态-响应关系，进而构建城市水循环系统健康发展评价指标体系。在此基础上，引入了"集对指数势"的概念来定量分析评价指标对系统的影响趋势。

（3）建立城市水循环系统健康发展评价函数，将上述多指标问题转化为一个单指标的形式，主要包括确定指标层和准则层权重，以及评价模型的构建。结合指标权重计算的主客观方法，运用组合权重法确定指标层以及准则层的权重，构建城市水循环系统健康发展的可变模糊集评价模型，并采用基数选择法和文献法两种方法进行评价指标标准阈值的确定，以上海市为例对其水循环系统健康发展状况进行实证研究，以验证评价模型的可靠性。

（4）分别从城市水循环系统空间均衡以及水循环系统与经济增长脱钩关系两个层面，延伸城市水循环系统健康发展内涵。基于洛伦兹曲线，以河南省18个地市为研究对象，分析其水资源分布状况和社会发展状况，计算得到2020年河南省水资源与耕地资源、水资源与人口、水资源与区域生产总值的基尼系数。基于水足迹理论和脱钩理论，对黄河流域水足迹进行核算，计算经济增长与总水足迹、蓝水足迹、灰水足迹的脱钩关系。

（5）提出了促进城市水循环系统健康发展的对策建议，以期为提升城市水循环健康发展水平提供科学的依据，为城市水资源的合理配置和高效利用提供决策依据，最终实现城市水资源、社会、经济与环境和谐发展。

本书由华北水利水电大学董光华著，在撰写过程中借鉴了许多国内外学者的成果，在此深表谢意。由于著者水平有限，书中难免存在不足之处，敬请读者批评指正！

作者

2024 年 3 月

目　录

第1章

绪 论

1.1 背景

　　水是生命之源，是人类生存和发展的最基本要素之一。从人类以水利灌溉为主体的农业文明社会到以水电应用为标志的工业文明社会，再到以人与水和谐相处为核心的生态文明社会，人类社会用水与自然界的水循环之间的联系越来越紧密，这种联系在未来很长一段时间内仍会持续存在。目前，世界范围内的水资源短缺、水污染加剧，全球水危机日益迫近。近年来，我国在经济迅速发展中，许多地方的水危机已然成为现实。迄今为止，我国的用水模式是上游城市从源头取水，污水排入江河，污染了下游河段，使得下游沿江城市也都力争从附近支流的源头引水，污水同样就近排入江河。因此形成了全国 660 多个城市河段均受到一定程度的污染的现状，城市水环境日趋恶化。因此，有必要全面、深入认识水资源在城市社会经济发展中的作用和影响。

　　（1）中国水资源短缺现象严重。水资源短缺现象是全球普遍存在的问题，尤其是工业革命以来，随着人口的快速增长和经济的迅速发展，全球水资源需求量急剧增加，未来仍将以每年 1％的速度稳定增长。中国是世界上人均水资源最为匮乏的国家之一，据《中国水资源公报 2017》显示，2017 年中国水资源总量为 28761.2 亿 m^3，约占全球水资源总量的 6％，但人均水资源总量仅为 2074.5 m^3，约为世界平均水平的 1/3。中国人均水资源占有量和经济发展的关系极不协调，人均水资源占有量排名前三的分别为社会经济发展水平相对落后的西藏、青海和广西，水资源相对丰富，但未得到充分利用。除了经济较为发达的北京、天津、上海三个直辖市外，河北、河南、山东、山西、辽宁、江苏、甘肃、宁夏等 8 个省（自治区），人均水资源量均小于 1000 m^3，为相对缺水区域。而且，中国水资源总量总体呈现西南和华南地区丰富，西北和华北地区贫乏。总体而言，对于经济发展相对落后地区，可供水资源量大于水资源需求量；对于经济发展相对发达地区，可供水资源量小于水资源需求量。据水利部预测，截至 2030 年中国人口将达到 16 亿人，人均水资源占有量仅有 1750 m^3，仅为 2017 年的 80％。但预计用水总量为 7000 亿～8000 亿 m^3，这就对供水能力提出了更高的要求，有可能导致中国水资源短缺现象更加严重，2007—2017 年中国人均水资源量变化及分布见图 1.1。

　　（2）中国水污染现象严重。在我国面临着水资源短缺的同时，水体污染所造成的水环境恶化也威胁着水循环的健康发展。尤其是对于城市来说，强烈的人类活动和经济发展导致的污水无节制排放不仅对地表和地下水系造成污染，同时导致了城市水生态环境的失

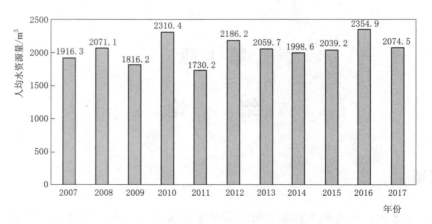

图 1.1 2007—2017 年中国人均水资源量变化及分布图

注：数据来源于《中国水资源公报》

衡。据中商产业研究院统计，2013—2022 年中国生活及工业污水排放量变化见图 1.2❶。

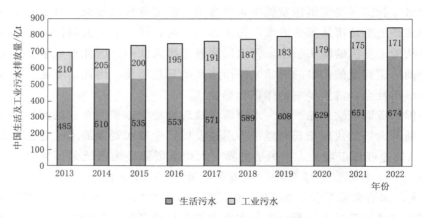

图 1.2 2013—2022 年中国生活及工业污水排放量变化

其中生活污水已成为主要污染来源，2017 年之前以 4.2% 的年复合增长率持续增长。工业污水由于产业升级及政府在工业污染防治方面的努力下持续减少。尽管如此，全国 24.5 万 km 河流中仍有 21.5% 的河流水质为 Ⅳ～Ⅴ 类和劣 Ⅴ 类，Ⅳ～Ⅴ 类和劣 Ⅴ 类湖泊占评价湖泊总数（123 个）的 74%，主要污染物为氨氮、总磷和化学需氧量。水污染不仅加重了水环境负担，还减少了可用水资源量[1]，为城市社会经济及环境的协调发展带来了很大的威胁。

（3）城市化的发展逐渐改变了水循环的过程。城市化发展的主要特点包括人口的增长以及社会经济和科技的高速发展，这些方面均从不同程度影响着城市水循环的过程。不可否认的是，城市化的发展为人类创造了更好的生活条件，但其带来的水资源、水环境负面效应也是不可忽视的。主要表现为：第一，从供水角度，供给城市居民生活和经济发展的

---

❶ 数据由中商产业研究院整理。

净水资源不断减少；第二，从用水角度，城市社会水循环通量不断增加，并且对自然水循环造成了干扰；第三，从排水角度，随着生活污水和工业废水排放量的增加，造成了水资源、水环境质量的日益恶化，从而导致了城市整体环境的下降。总结来说，城市化的发展一方面对自然水循环产生了巨大的扰动，阻碍了水循环系统的健康发展；但另一方面科技的进步可以提高水资源利用效率，促进了水循环系统的健康发展。因此，在城市化发展过程中需要重视水循环的健康发展问题。

（4）水资源利用率低，浪费严重。中国粗放型的水资源利用方式导致了水资源利用效率低下，浪费严重。据 2017 年统计，万元国内生产总值用水量为 $77.9m^3$，万元工业增加值用水量为 $48.3m^3$，远低于世界发达国家的用水水平，而单方水的国内生产总值投资约为世界平均水平的 1/3。农田灌溉水有效利用系数仅为 0.548，与发达国家（0.7～0.8）仍有较大差距。生活用水的跑、冒、滴、漏造成的损失率超过 20%，工业平均重复用水率仅有 30%～40%[2]。可见，中国水资源利用效率还存在巨大的提升空间。为此，我国实行最严格水资源管理制度，控制用水总量，提高水资源利用效率，以推进资源、环境、经济、社会协调发展。

面对城市的这些水资源问题，学术界和行业内针对如何实现水资源的可持续利用及评价工作展开了大量的学术研究和资金投入，对城市水资源系统的健康发展有一定的推动作用。但是由于城市水资源系统结构的愈加复杂以及和外部环境物质能量的频繁交换，使得城市水循环系统健康发展的内涵有了很大的改变。因此，深化现有研究成果，以城市水资源系统、社会经济系统和水环境系统协调发展为目标，构建涵盖水资源、水环境、社会、经济等指标在内的水循环系统健康发展评价指标体系和模型，对正确地认识城市水循环系统的健康发展具有重要意义。2017 年，党的十九大报告指出"推进资源全面节约和循环利用，实施国家节水行动，降低能耗、物耗，实现生产系统和生活系统循环链接"。这为推进城市水循环系统健康发展提供了良好的政策基础。2022 年，党的二十大报告也指出"要推进美丽中国建设，坚持山水林田湖草沙一体化保护和系统治理，统筹产业结构调整、污染治理、生态保护、应对气候变化，协同推进降碳、减污、扩绿、增长，推进生态优先、节约集约、绿色低碳发展。"这就要求我国要探寻一条城市水循环健康发展路径。

1.2 研究目的和意义

1.2.1 研究目的

水资源是城市得以生存和维持的最基础的物质要素，它关系着城市居民的生存和"以水定产、以水定城"的产业布局和城市布局的调整和演进。在城市化高速发展的今天，人类的社会经济活动对水循环结构、过程以及功能的影响越来越大，使其产生了复杂的变化。在城镇化的推进，建立资源节约型、环境友好型社会建设的背景下，对城市水循环系统健康发展的评价既是一个理论问题又是一个现实问题，需要政府和学术界投入更多的人力、物力和财力。本研究的主要目标是依托城市水循环系统的演化规律、健康发展的评价指标体系和评价方法来制定的，具体研究目标可以分为以下 4 个方面：

（1）探究城市水循环系统演化规律，明确在城市化背景下水循环系统健康发展的内涵。

（2）构建科学合理的城市水循环系统健康发展评价指标体系，明确各指标对系统的影响趋势。

（3）构建城市水循环系统健康发展评价模型，准确测算城市水循环系统在考察期内的健康发展水平和变化趋势。

（4）分别从城市水循环系统空间均衡以及水循环系统与经济增长脱钩关系两个层面，延伸城市水循环系统健康发展内涵。

1.2.2　研究意义

城市作为一个相对封闭的系统，以其为对象开展水循环系统健康的内涵及发展评价的研究具有典型意义。目前，中国城市经济处于高速增长转向高质量发展和建设水生态文明体系的关键阶段，水资源短缺、水质恶化、城市水资源供需矛盾已成为制约城市水循环系统健康发展的瓶颈。本书基于上述背景围绕城市水循环系统的发展展开，包括城市水循环系统健康发展的内涵、影响因素作用程度、城市水循环的健康发展水平及动态演进，研究的理论意义和现实意义如下。

1. 理论意义

目前，我国城市正处于以效益为目标的经济发展方式向以效率、和谐、持续为目标的社会经济发展方式转型的关键时期，而城市水循环是连结水资源、水环境等自然生态系统和社会经济系统的纽带。其研究是对长期以来水资源、水环境问题给人们带来的一种理性思考的结果。主要理论意义在于：

（1）丰富了水资源系统评价研究的理论和方法体系。近年来，关于水资源系统评价理论和方法的研究成果十分丰硕，但相关研究理论和方法比较零散，尚未有机地结合起来，甚至部分方法的适用性仍值得探讨。这表明水资源系统评价理论和方法还存在进一步完善和改进的需要。为此，研究从城市水循环系统的健康发展角度，结合现阶段全面推进资源节约和循环利用的要求，将水循环系统评价的前沿理论和方法有机结合起来，构建一套符合绿色发展理念的城市水循环系统健康发展评价理论体系，对于完善水资源系统评价理论和方法具有重要的理论意义。

（2）深化了城市可持续发展的内涵。城市水循环的研究已成为城市可持续发展理论研究的重要部分。从最早城市可持续发展理念的提出，到现阶段塑造资源型城市、生态城市、绿色城市和海绵城市的要求，实际上都是为了解决城市的经济发展、产业发展和资源禀赋不协调的问题。研究提出了城市水循环系统健康发展的目标，即实现发展的效益性、持续性和协调性，对其评价研究可从水的自然循环和社会循环两个方面入手，探寻它们之间的相互作用机理，反映城市社会经济活动和水资源、水环境的辩证关系，进一步深化了城市可持续发展的内涵。

（3）促进了不同学科之间的交叉融合。从研究内容上看，研究以城市水循环系统的发展问题为导向，以水文水资源学、统计学、资源经济学、城市水务等相关学科为基础进行研究。然而迄今为止，鲜有学者把多学科融为一体开展城市水循环的相关研究。对城市水循环系统健康发展内涵和评价模型的研究学科跨度大，涉及维度广，具有一定的复杂性，借鉴国际环境经济评价的经验和我国水循环理论及水资源系统评价的现有成果，有利于促进学科间的交叉融合。

2. 现实意义

本研究基于多学科交叉理论，全面评价、分析城市水循环健康发展水平及其变化趋势，对打破城市社会经济发展的水资源约束，实现整个社会的绿色发展和水资源的优化配置具有重要的现实意义。

（1）为深化城市水资源管理理念和改进水资源管理制度提供科学依据。先进的水资源管理理念和科学的水资源管理制度是城市形成与发展的基础，是城市有效供水的保证。尽管当前政府制定了一系列水资源管理的法规和制度，但随着城市水资源与外部环境之间联系的日益紧密，水资源系统的复杂性也日益提高，现有的水资源管理法规、制度无法满足日益复杂的城市水资源系统管理的需要。通过本研究对城市水循环系统的解析和评价，能够有效地识别相关因子指标对城市水循环系统健康发展的影响趋势，有助于政府有针对性地制定中国水资源管理法规和制度，为深化城市水资源管理理念和改善水资源管理制度提供决策依据。

（2）有利于强化环境保护与污染防治，推进城市乃至整个社会的绿色发展。传统的城市水资源利用以发展经济为主，虽然考虑了水资源保护和水污染治理问题，但对环境影响的重视仍有不足。粗放型的经济发展方式无法满足现代城市发展的要求，在经济发展过程中需保证城市水循环各个环节的供给、运转、消耗、效率、效益状况，提升水资源的利用效率。而对城市水循环系统健康发展是基于可持续发展要求下对城市水循环系统发展方向的科学评价，提高城市水循环系统的健康发展水平是推进整个社会绿色发展的必要条件。

（3）有利于实现城市水资源的优化配置。城市目前面临的水资源和水环境危机主要是由人为因素造成的，尤其是地表水和地下水的过度开采所造成的水资源短缺和水生态恶化。究其原因主要有两个方面：一方面是水资源利用效率低下所造成的水资源浪费；另一方面是城市产业结构不合理所造成的水资源配置错位。本研究通过对城市水循环系统健康发展的评价研究，可以对城市用水水平和不同产业用水结构对水循环的影响进行量化分析，从而通过提高用水效率和调整产业结构来实现城市水资源的优化配置。

1.3　研究现状

本书拟针对城市水循环系统的发展问题，围绕城市水循环系统及其健康发展状态展开研究。其中城市水循环系统的基础研究主要包括城市水循环模式、健康水循环内涵以及人类活动对水循环的影响；城市水循环系统健康发展评价主要涉及评价指标体系的构建、指标权重的确定以及水资源系统评价模型等问题。因此，接下来围绕水资源系统评价方法、水资源系统评价指标体系两个方面，对现有相关研究及发展动态进行分析。

1.3.1　城市水循环系统相关研究

1. 城市水循环模式

水是维持区域社会、经济和生态系统良性循环的重要资源[3]，其形成和演化受水循环驱动[4-5]。近几十年来，受城市快速发展对水环境的影响，以及城市化背景下社会经济系统用水需求的增加，全球范围内的城市水循环系统在一系列外部干预和影响下，正在经历重大的变化（包括供水、用水、污水处理、排水、外部回用等环节）[6-9]。由此造成的水资源短缺和污染对各国的粮食安全、生态环境安全、经济安全产生了重大影响[10-12]。在此背景下，如何保持水循环的健康发展已成为保障人类社会可持续发展的重要命题。

一个完整的城市水循环系统是保证城市环境和经济共同可持续发展的必要条件，水资源通过进入到城市水循环系统中实现其价值并为城市带来效益[13]。随着人类活动的增强，城市水循环逐渐打破了单一的自然水循环的格局，由单一的自然水循环转变为"自然-社会"二元水循环模式。与此同时，社会经济系统和水资源系统的耦合作用也成了社会水文学中的热点问题[14-15]。实际上，为了更好地描述水在人类社会系统中的运动过程，早在1997年英国学者Merrett提出了与"Hydrological Cycle"相对应的术语"Hydrosocial Cycle"，形成了社会水循环的雏形；随后"Hydrosocial balance"的概念也被提出，并被用于水资源管理评价之中[16]。在日本，构筑健全的水循环系统省厅联席会提出了宏观、中观和微观三个不同尺度的水循环，实际上也反映了自然水循环和社会水循环的区别[17]。近十年来，"Hydrosocial Cycle"一词已被广泛地用于描述水资源不可分割的社会和自然属性[18-19]。城市水循环中自然系统与人类系统（社会系统）的相互作用与共同演化，使得循环过程由社会侧支循环与自然循环耦合，二者之间是动态关联的[20-22]。城市水循环不仅是水与水文过程简单的时空交互作用，而且是一个涉及供水、处理、分配、消耗、污水收集和再利用的复杂系统[23]。中国是世界上水循环演化最剧烈、水资源问题最突出的国家之一。城市水循环的结构、通量、过程和二次效应不断演变[5]。因此，城市水循环评价不再局限于其自然属性，越来越多的研究者将关注城市供水、生活用水、污水回收、雨水利用等子系统。

2. 健康水循环内涵

城市水循环的任何环节遭到破坏都会影响其健康运转[24-25]。国际水文科协十年科学计划（2013—2022年）将"变化中的水文循环与社会系统"列为该十年研究计划的主题[26]，使更多的学者能够将研究焦点集中在城市水循环的演化规律及其健康发展的评价研究。

国外针对健康水循环的研究主要集中在社会用水的每个环节上。社会用水所涵盖的范围很广，不仅包括用水环节，还应包括供水环节、雨水利用、污废水处理回用等子系统中[27]。Opher et al.[28]采用全生命周期法对城市生活回用水方案进行了评价研究，并认为分布式城市中水回用方案在促进城市水健康循环方面具有重要社会意义。Petit-Boix et al.[29]比较了美国和欧洲城市实施雨水收集（RWH）系统的环境性能，并认为雨水可作为城市用水的重要水源之一来解决水资源供需矛盾问题。Wei et al.[30]以双模态城市水循环模型的形式，总结了自然与人为水循环的结合，认为城市水健康循环是支持未来水资源管理的重要基础。Shakhsi et al.[31]从健康的角度，构建了城市供水系统多目标不确定性的鲁棒模型。Lee et al.[32]研究了韩国中水回用对城市水循环系统的影响，将处理过的污水作为供水水源可以有效缓解城市水循环系统的压力。可见，国外的研究者认为城市健康水循环主要表现在水循环系统的每一个环节，需要从每个环节的健康发展解决大的水循环问题。

在国内，针对健康水循环的研究主要集中在河流健康及自然水循环和社会水循环的耦合两个方面。

河流健康是生态系统健康的衍生概念，最早于 20 世纪 80 年代提出。河流健康方面，朱惇等[33]构建了包含水环境、水生态、水量以及水的社会服务等影响河流健康的综合评估体系。周振民等[34]认为河流健康的目标是保证水系循环功能的完整性并实现河流服务功能的最大化。高若禹[35]从三个角度提出了河流健康的内涵：一是河流本身的健康（河流的基本形态和流量）；二是河流生态系统的健康；三是河流服务价值的健康发展。刘存等[36]基于国内河流现状，认为在重视大江大河健康发展的同时，应进一步加强城市河流的健康评价，实现城市河流的健康发展。

在自然水循环和社会水循环的耦合方面，王浩等[37-38]通过"人工侧支循环"（即人类活动影响下的取、用、耗、排等环节）对自然水循环的影响研究健康水循环。潘宇和容思亮[39]提出在水循环过程中要尊重水的自然生产、水体自净和自身的运动规律，从而保证水环境的自然平衡，实现水资源的可持续利用。李文生等[40]提出的流域健全水循环指的是在一个流域自身的水资源禀赋及开发利用程度下，保证用水和流域自然水循环合理平衡发展，以实现水资源的各项服务功能。张杰等[41-42]认为水循环的健康与否就在于人类在用水过程中是否影响到水生态环境的良性发展，实现上下游之间的用水和谐。在促进城市健康水循环的保障措施方面，王鹏飞[43]、徐华等[44]提出了实施节制用水的战略措施来实现深圳市和延吉市用水健康循环，通过该措施一方面减少新鲜供水量，另一方面减少污水排放量，以缓解水资源、水环境压力。陈刚等[45]提出了多源水联合调度的方式来实现流域自然水系的修复，通过流域内水资源的合理配置，促进以水循环为纽带的水资源、社会经济和水环境的协同发展。

3. 人类活动对水循环的影响

城市化发展一个重要标志就是城市人口比例的增大，因此人类活动对于水循环的影响更加广泛，尤其是所造成的负面影响正在引起国内外学者的重视和关注[46]。人类对水资源的利用和转化从不同的时空尺度影响着水循环过程。这种影响已经从外部动力学演化到水循环过程的内部[47-49]。

Zhang et al.[50]提出了人类活动对水循环影响的层次贝叶斯模型，认为人类活动对水循环的影响主要表现在水资源数量的减少。这种观点也得到了 Hou et al.[51]的认可，他采用双质量曲线（DMC）和分布式时变增益水文模型（DTVGM）测算了人类活动和气候变化对水循环的影响，认为人类活动对水循环的影响占据主导地位，人类活动减少了水资源的可用性。Wada et al.[52]认为近几十年来，全球人口迅速增长，人类活动对陆地水循环通量的影响达到了前所未有的程度。Bellin et al.[53]采用分布式连续模型定量分析了人类活动对水资源自然循环状态的改变以及对水资源可用性的限制。Adnan et al.[54]通过分析和计算水质指数，运用主成分分析和聚类分析等统计方法，探讨人为活动与水环境变量之间的关系，确定了长江流域水循环的时空变化和人类活动的高度相关性。Bai et al.[55]采用气候弹性法和水文模型，分离了气候变化和人类活动对河流流量减少的影响，认为自然因素和人为因素对流域水循环的影响同等重要。Ren et al.[56]对比分析了气候变化和人类活动对区域水循环的影响程度，认为人类活动对干旱区水循环的影响起到主要作用。

在国内，李文倩[57]利用 HYDRUS-1D 模型，针对人类活动对玛河流域绿洲平原区的水循环影响程度进行了研究。陈晓宏等[58]认为在人类活动的剧烈活动下，水循环的相关要素以及循环特征（降水、地表径流、用水和排水）产生了较大的变化。谢瑾博等[59]认为水循环过程受气候变化和人类活动的共同影响，指出在不同流域不同年份，上述两个因素对水循环影响程度不同。汤秋鸿等[60]概述了农业、工业、生活用水等典型人类活动对陆地水循环的影响过程与机制，并在此基础上探讨了水循环模型中人类活动参数设定问题。徐威[61]对那棱格勒河冲洪积平原区内人类活动（地表水引用和地下水开采）对水循环的影响特征展开了研究，通过地下水流数值模拟，认为当水资源开发利用程度较大时，水流系统的水循环特征受到的影响最大。刘正茂等[62]认为包括水利工程修建、地表水引用、地下水开采等典型人类活动改变了三江平原下垫面条件，进而改变其水循环过程。

1.3.2 水资源系统评价方法相关研究

由于水资源系统本身的复杂性，水资源评价包含的内容有很多，主要包括水资源与城市化耦合协调关系评价、水资源可持续利用评价，水资源效率评价，水资源安全评价等。随着水资源系统评价研究对象范围的不断扩展，评价方法也在推陈出新。相关的评价方法主要包括模糊综合评价法、层次分析法、改进序关系法、支持向量机法、主成分分析法、投影寻踪法和系统动力学方法、数据包络分析法等。

1. 水资源与城市化耦合协调关系评价

水资源是城市化发展过程中的基本要素，城市化的发展也从水量、水质方面影响着水资源，两者之间存在相互制约和促进的关系。对城市化和水资源耦合度和协调度的测度一般采用计量经济学模型，通过构建评价指标体系进行计算。例如：Ma et al.[63]引入了动态耦合模型，以江苏省为例来分析和预测城市化与水资源利用之间的耦合程度。Li et al.[64]使用层次分析法和熵值法确定评价指标权重，对洞庭湖地区 2001—2010 年城市化和水资源的耦合关系进行评价。结果表明，洞庭湖地区的水资源现状成为了制约城市化发展的主要因素。Zhang et al.[65]以凉州区为案例研究，揭示了城市化与水资源和水环境和时间分布的耦合程度，其耦合协调度符合环境库兹涅茨曲线（EKC）的规律。这个观点受到 Zhao et al.[66]的支持，他采用改进的环境库兹涅茨曲线（EKC）模型和动态协调耦合度（CCD）模型，研究了 1980—2013 年长三角地区城市化和水环境之间的关系，从而验证了环境库兹涅茨假设。在国内，陈浩[67]、吉婷婷[68]、麦地那·巴合提江[69]、陈晓[70]等分别以青岛市、苏州市、乌鲁木齐市和南京市为例，对城市化发展和水资源系统发展的耦合协调关系进行评价。模型计算公式为

$$C = \left\{ \frac{f(x) \times g(y)}{\left[\frac{f(x) + g(y)}{2} \right]^2} \right\}^k \tag{1.1}$$

$$T = \alpha f(x) + \beta g(y) \tag{1.2}$$

$$D = \sqrt{C \times T} \tag{1.3}$$

式中：$f(x)$ 为城市化综合发展指数；$g(y)$ 为水资源系统综合发展指数；T 为综合评价指数；D 为耦合协调度发展系数；k 为调节系数；α 为城市化系统所占权重；β 为水资源系统所占权重。

2. 水资源可持续利用评价

水资源可持续利用评价是区域可持续发展的核心内容，学者们对其进行了广泛的研究，且研究方法具有多样性。Gao et al.[71]根据淮北市水资源开发利用的实际情况，构建了水资源可持续利用评价指标体系，运用物元分析法对水资源可持续利用进行了分析。Tang et al.[72]以可持续发展理论为基础，以宁夏为例进行研究。运用模糊综合评价方法，以宁夏 5 年的历史数据为基础，建立了宁夏水资源可持续利用综合评价矩阵，对宁夏 2005—2009 年水资源可持续利用动态趋势进行了评价，并对 2015 年水资源可持续利用动态趋势进行了预测。Zhang et al.[73]提出了评价水资源可持续利用程度的投影寻踪评价模型，介绍了基于编码的加速遗传算法来优化投影方向。Tang et al.[74]在模糊物元分析的基础上，结合欧氏贴近度的概念，通过计算模糊物元与标准模糊物元之间的熵和欧氏贴近度，得到银川市水资源可持续发展程度。Kong et al.[75]采用 GIS 空间分析方法建立基于 DPSIR 模型的水资源可持续发展评价指标，利用层次分析法确定各评价指标的权重，进而定量评价区域水资源的可持续性。张杰等[76]利用熵权和模糊综合评价模型，对 2003—2016 年广西壮族自治区的水资源可持续利用状况进行了评价。王芳[77]、门宝辉[78]等构建了水资源可持续利用的集对分析模型。陈午等[79]构建了水资源可持续利用的改进序关系模型。石黎和史玉珍[80]为了解决水资源评价的复杂性以及不确定性等问题，提出了基于 BP 神经网络的城市水资源可持续利用评价模型。

3. 水资源效率评价

根据评价方法的不同，可将水资源效率评价分为单一指标评价法和全要素评价法。单一指标法评价通常是指用水资源投入量和某一指标的比值来进行评价的方法，佟金萍等[81]利用万元农业增加值用水量来反映农业用水效率。Meng et al.[82]利用万元工业增加值用水量来反映工业用水效率。Legesse et al.[83]基于单一指标法分析了加拿大生产用水效率对环境的影响。另外，单一指标法还经常被用于反映居民生活用水效率[84]、生态环境用水效率[85]等方面。单一指标法的优点和缺点都比较明显，优点在于评价较为直观，但缺点在于评价结果过于片面。因此，目前对水资源效率的评价以全要素评价方法为主。

水资源效率的全要素评价方法主要以生产要素和总产出的投入产出比率来反映，主要模型包括随机前沿分析模型（SFA）和数据包络模型（DEA）。Souza et al.[86]采用随机前沿模型测算了巴西公共和私人供水公司的供水效率。Tang et al.[87]运用随机前沿分析方法，对 1999—2005 年我国 80 多条灌溉渠的 800 名农民的面板数据，进行了灌溉用水效率评价。Filippini et al.[88]利用数种随机前沿方法，估计了 1997—2003 年斯洛文尼亚配水设施的成本效率和规模经济。Guerrini et al.[89]利用随机前沿方法，衡量了 43 家意大利水务公司的用水效率。目前，随着随机前沿模型的不断发展，国内学者已将其应用到工业用水效率评价[90]和水足迹效率评价[91]等方面。由于随机前沿模型在评价过程中无法考虑多产出的问题，导致其应用范围较窄，而数据包络模型在一定程度上弥补了这一缺陷。美国学者 Morales et al.[92]利用传统的径向 DEA 模型评价了得克萨斯州非住宅的水资源经济效率。钱文婧等[93]以中国 GDP 为产出测算中国水资源经济效率。崔丹和周玉玺[94]利用这种模型，以山东省 17 个地级市的工业废水排放量为非期望产出，测算了山东省工业水环境效率。在传统径向 DEA 模型的基础上，学者们进一步提出了超效率 DEA 模型和考虑非期望产出的非径向 SBM 模型。Mu et al.[95]利用前者评价了陕西省农业水资源经济效益；Lorenzo - Toja et al.[96]利用后者对西班牙污水处理厂污水处理的生态效率进行评价，Li et al.[97]也基于该模型评价中国 316 个城市工业水资源绿色效率。

4. 水资源安全评价

水安全是区域经济发展和可持续发展的重要组成部分，也是水资源综合管理的自然组成部分[98]。水资源安全是水安全的重要组成部分，其概念最早是在 20 世纪末提出的，主要指的是水资源（量与质）供需矛盾对社会经济发展和人类生存环境的负面影响[99]，其风险主要来源于区域水资源的有限性、时空异质性、脆弱性和不可替代性等特征[100]。就评价方法而言，Qadeer et al.[101]提出了一种支持水资源安全评价的模糊多准则评价方法。首先，建立了基于压力-状态-响应结构的水资源安全评价指标体系。然后，采用改进的 TOPSIS 方法处理模糊评分，并对结果进行综合排序。Sun et al.[102]构建了基于驱动力-压力-状态-影响-响应-管理（DPSIRM）框架模型的评价指标体系，采用灰色关联法和物元分析法对贵州省水资源的长期安全进行评价。Dong et al.[103]以洛阳市为研究区域，构建了基于压力-状态-响应框架（PSR）的水资源安全评价指标体系。采用层次分析法和熵权法确定指标权重。提出了 2006—2016 年洛阳水资源安全评价的集对分析模型。Liu et al.[104]、张凤太等[105]、杨振华等[106]分别构建了 MIV - BP 模型、灰色-集对模型和集对分析-马尔科夫链模型对岩溶区的水资源安全状况进行了评价。张喆等[107]、邵骏等[108]针对长江流域水资源安全问题，选取水贫乏指数作为评估水资源安全的指标，采用改进的水贫乏指数计算方法，对长江流域各省级行政区的水资源安全现状进行了评估。Chang et al.[109]、位帅等[110]、刘丽颖等[111]基于系统动力学模型分别对乌鲁木齐市、中山市和重庆市的水资源安全状况进行了评价。

1.3.3　水资源系统评价指标体系相关研究

由于水资源系统评价对象、侧重点、评价范围的不同，构建的水资源系统评价指标体系也存在差异。

从评价对象上看[112-113]，水资源与城市化耦合协调关系的评价指标一般包括水资源指标和城市化指标。水资源指标主要包括水资源本底条件、水资源开发与管理和水资源污染与防治指标；城市化指标主要包括人口城市化、经济城市化、空间城市化和社会城市化指标。水资源可持续利用评价指标涉及的范围较广，主要包括社会经济指标，例如人口、经济、科技发展指标等；水资源指标，例如水资源总量、用水量指标等；生态环境指标，例如绿地覆盖率、水环境指标等；综合性指标，例如干旱指数、缺水指数等[114-115]。水资源效率评价指标主要包括投入指标和产出指标[116-118]。投入指标一般包括资本投入、资源投入、劳动力投入和科技投入指标，产出指标可分为期望产出（经济产出指标）指标和非期望产出指标（水环境污染产出指标）。水资源安全评价指标主要包括水资源、经济、生态、生活用水、农业用水、工业用水指标[119-120]。

从评价范围上来看，水资源系统评价主要分为国家、城市、流域三种研究尺度[121]。国家层面的指标具有高度的宏观性，指标概括性较强，数量较少。城市层面的指标相对数量较多，大多强调城市资源、环境和社会经济的状况，流域层面则介于两者之间。

从水资源子系统上看，评价指标主要分为供水指标、用水指标和排放指标三大类[122-124]。供水指标主要包括供水管网密度、供水管网漏损率、公共供水有效供水率和供水量等。用水指标主要包括用水结构指标（工业、农业、生活、生态）和用水效率指标（万元 GDP 用水量、万元工业产值用水量、农业灌溉定额、重复用水率）。排放指标主要包括工业废水排放达标率、污水处理率、人均生活污水量、万元工业产值污水量等。

由于水资源系统的评价指标较多，在此不再一一列出。从指标体系的设计上，根据具体评价对象的不同和评价方法的不同，学者们从不同的角度选取评价指标，再加上指标体系设计以及构建方法的差异，导致了目前指标体系的多样性。目前，在指标体系构建方面使用较为广泛的有 PSR 框架模型[125] 以及在其基础上拓展而来的 DPSIR[126] 和 DPSIRM[127] 框架模型。除此之外，雷冬梅和徐晓勇[127] 构建了自然条件限制因子-城镇化影响因子-流域生态系统健康指示因子的流域生态系统健康评价指标体系。宋松柏[128] 基于水资源、环境、经济、社会中涉及的主要指标构建了区域水资源可持续发展的 RSWRS 评价指标体系。

1.3.4　研究现状述评

总的来看，城市水循环系统健康发展的研究正在成为学者们研究的焦点。城市是人类活动最为频繁的区域，随着城市化进程的不断加剧，加上自然、社会等多种因素的综合影响，城市水循环系统处于不断地变化当中，其结构和过程与结构极其复杂。本书从城市水循环系统理论分析、水资源系统评价方法、水资源系统评价指标三个方面梳理现有的研究成果，能够为本书更好的深入研究城市水循环系统的健康发展提供有意义的指导和引导作用。但是，进一步总结分析国内外现有文献，可以发现在城市水循环系统健康发展的方法和内容上还需要进一步深入研究，仍存在以下不足之处：

（1）对城市水循环系统的理论研究有待进一步完善。学术界对水循环模式的研究有了统一的认识，即由单一的自然水循环转变为自然-社会二元水循环模式。但现有的研究主要涉及社会水循环对自然水循环的影响，但对于两个系统之间的耦合作用研究较少。对健康水循环的研究主要针对流域展开，且研究对象主要集中在水循环的某一个环节，从城市视角进行整体研究的较少，尤其是对城市水循环系统发展的驱动机制和演化机理的研究有待于进一步加强。而且，本书所提出的水循环系统健康发展与健康水循环在侧重点上有所不同。

（2）水资源系统评价指标的选择具有一定的随意性。水资源系统评价大都伴随着评价指标体系的构建问题，就指标的选择方法上来看，多数指标的选择以及指标标准值的确定几乎都以人为设想或人的臆测值为基准，缺少科学依据。就指标的选择结果上看，单要素指标难以反映系统内部之间的相互联系，例如单一的水量指标或水质指标；综合性指标反映的信息较为宏观，难以有效地识别系统的潜在问题，忽略了单要素指标对系统发展状态的指示作用；甚至部分研究单纯地追求计算的复杂性而忽视了指标体系构建的可操作性原则。因此，有必要选择科学的方法对评价指标和指标标准进行选择和确定。

（3）缺少对系统评价指标的影响趋势的研究。尽管过往的研究大多对评价指标的权重进行了测算，但权重只是反映了评价指标对于评价对象的重要程度，并不能反映评价指标对于评价对象的影响趋势。而且，评价指标对于评价对象表现出的影响趋势是动态，受不同时间阶段的水资源条件以及经济社会发展的影响，因此，如何反映水循环系统发展影响因子的动态变化趋势也是本书的研究的重要内容。

（4）对城市水循环系统健康发展评价方法有所不足。现有研究很少从"健康"的角度对水资源系统的发展进行研究，尤其对于水循环系统健康发展评价的研究更少。影响城市水循环系统健康发展的因素很多，涉及自然、社会、经济等多个相互联系但又相互制约的因素，这些因素的不确定性与模糊性使得经典数学理论难以完善地解决水循环系统中的实际问题。而传统模糊集合论论著中对其赖以建立的基石——隶属函数概念与定义，是从普通集合论中的特征函数概念与定义简单拓展而来的，存在着把隶属函数的概念与定义绝对化的理论缺陷[129]。同时，由于传统模糊统计试验用"非此即彼"的频率计算公式，去确定表征"亦此亦彼性"的隶属度，并对隶属度作出稳定性论证，在理论上存在着相悖的缺点。因此，需要有合适的方法对城市水循环系统的健康发展状态进行评价。

针对上述不足，本书将结合我国城市水循环系统的发展特征，以水循环系统的健康发展为主线，以上海市为例，研究其水循环系统的发展现状。主要包括水循环系统健康发展的内涵，评价指标的变化趋势以及健康发展评价方法。以弥补现有研究的不足，促使城市水循环系统向着健康的方向发展。

1.4 主要内容及方法

1.4.1 主要研究内容及章节安排

1. 主要研究内容

本书拟从评价的视角，研究城市水循环系统的健康发展状况。根据系统评价理论，系统评价一般步骤主要包括：①确定评价对象；②构建评价指标体系；③建立评价模型。借鉴该思想，本书的主要内容也分为以下几个部分：首先，本书以城市水循环系统的健康发展状态为评价对象，因此有必要明确城市水循环系统健康发展的概念及内涵；其次，构建科学的城市循环系统健康发展评价指标体系；再次，结合城市水循环系统健康发展特点，构建合理的评价模型；最后，分别从城市水循环系统空间均衡和与经济增长的脱钩关系角度对城市水循环系统健康发展的内涵进行延伸。

2. 本书章节安排

围绕研究内容，本书由 10 个章节组成，各章节研究内容如下：

第 1 章，绪论。主要介绍本书的研究背景以及研究意义，研究的主要内容，研究方法及技术路线，本书的主要创新点等。并对国内外相关研究现状进行综述，分析相关研究的不足之处。在此基础上，提出本书的研究框架及章节安排。

第 2 章，城市水循环系统健康发展相关概念及理论基础。首先，界定与城市水循环系统相关的城市、水资源系统、水环境系统、社会经济系统和水循环系统等相关概念；其次，阐述城市水循环系统健康发展评价研究的理论基础，包括二元水循环理论、系统论、循环经济理论、可持续发展理论和绿色发展理论，提高本研究的科学性和合理性，为本研究提供坚实的理论基础。

第 3 章，城市水循环系统演化及健康内涵分析。首先，明确城市水循环系统模式、结构以及城市不同用水主体的水循环过程；其次，深入分析城市自然水循环与社会水循环相互作用机理；再次，从城市水循环系统的演化机制以及演化驱动探讨了城市水循环系统的演化规律；最后，提出了城市水循环系统健康发展的概念，并从健康发展的目标和条件两个方面深化了其内涵。

第 4 章，城市水循环系统健康发展评价指标体系构建。首先，在指标选择原则的指导下，基于实体-联系概念模型对城市水循环系统健康发展评价指标进行选择；其次，在此基础上，引入 PSR 框架模型构建了评价指标体系。最后，结合集对分析原理构建了评价指标对系统影响趋势的定量分析模型。

第 5 章，城市水循环系统健康发展评价模型研究。首先，在第 4 章评价指标体系构建的基础上，提出了基于 AHP 和熵值法的组合权重模型，用以确定指标层以及准则层的权重；其次，为了更加科学准确地描述城市水循环系统的发展状态，构建了可变模糊集评价模型；最后，基于基数选择法和文献法确定各个评价指标的标准阈值。

第 6 章，城市水循环系统健康发展评价实证研究。本书以上海市水循环系统的实际情况为例进行实证研究。首先介绍了上海市社会经济发展状况及水资源概况；其次利用集对分析模型对评价指标对于系统的影响趋势进行定量分析，利用组合权重法确定指标权重，利用可变模糊集模型对系统进行评价。通过评价结果的分析，确定上海市水循环系统健康发展状态以及随时间演变规律。

第 7 章，城市水循环系统空间均衡评价研究。本章基于洛伦兹曲线和基尼系数，建立了水循环空间均衡评估模型，以河南省 18 个地、市为研究对象，分析其水循环分布状况和社会发展状况，计算得到 2020 年河南省水循环与耕地资源、水循环与人口、水循环与区域生产总值的基尼系数，最终对结果进行分析。

第 8 章，水循环系统与经济增长脱钩关系研究。本章基于水足迹理论和脱钩理论，探索水的社会循环与经济增长之间的矛盾问题，以黄河流域为研究对象，分析该流域水资源利用与经济增长之间的关系，找出该流域水资源利用与经济增长脱钩的因素。

第 9 章，城市水循环系统健康发展的对策建议。本章从加强城市水循环系统核心环节的调控，污水的深度处理与应用，优化人口结构，调整产业结构，加强城市水资源管理和保护，建立"经济-社会-生态环境"共赢的循环经济发展模式，实施新型城镇化战略、提高城镇化质量，制定差别化的促进城市水循环健康发展政策等 8 个方面提出促进城市水循环系统健康发展的对策建议。

第 10 章，结论及展望。对本次研究开展全面的、系统的总结，得出最终结论；同时也要对本次研究的不足之处进行分析，指明下一步研究的方向。

1.4.2　主要研究方法及技术路线

本书以资源环境、资源经济、集对分析、可变模糊集、洛伦兹曲线、水足迹、脱钩、城市水务等相关理论和方法为基础，研究城市水循环系统的构成和健康发展评价问题。在研究过程中，进行文献研究、深度调研，并把握问题本质。在此基础上，明确研究任务和目标，基于循环经济理论和系统耦合论分析水循环系统的内部结构的相互作用机理和健康发展内涵；并进一步基于集对分析原理，量化城市水循环系统健康发展影响因子的动态变化趋势；随后通过构建可变模糊集模型对城市水循环系统的发展状况进行评价；最终，结合我国上海市实际情况进行实证研究，整个研究过程中，注重文献研究与实地调研相结合，理论研究与实证研究相结合。研究方法主要有：

（1）文献研究法与调研分析法相结合。通过广泛搜集文献获取国内外城市水循环以及水资源系统评价的相关资料，同时采用通过调研分析等科学方式了解上海市的水循环现状，从而正确、全面地了解和掌握有待研究的问题。在前人研究的基础上，对现有理论和方法中所存在的一些不足进行改进。

（2）定性分析与定量研究相结合。本研究拟运用定性分析方法，研究城市水循环系统的模式、过程、变化特征、内部子系统间的相互影响关系以及评价指标体系的构建等问题；运用定量分析的方法研究城市水循环系统健康发展评价指标的变化趋势以及健康状况评价等问题。

（3）集对分析方法。通过集对分析中联系度联系分量的计算确定城市水循环健康发展评价指标集合和指标标准集合的同、异、反联系程度；通过对各评价指标集对指数势的计算确定他们对评价对象的影响趋势。

（4）可变模糊集方法。由于城市水循环系统表现出的复杂性和不确定性，在确定评价指标体系以及权重计算的基础上，利用可变模糊集模型评价城市水循环系统的健康发展状态。

（5）洛伦兹曲线和基尼系数法。利用洛伦兹曲线来比较和分析区域水循环的均衡情况，利用基尼系数对此不均衡状态进行量化分析。

（6）脱钩理论。脱钩理论是一种用于衡量经济增长与资源利用之间关系的指标。进行水足迹分析后，通过脱钩影响因素分析模型分析水资源利用率与经济增长的关系，得出城市水循环系统健康发展的方向，并提出合理化建议。

总之，本书力求在把握研究问题本质的基础上，采用具体方法分析具体问题，做到理论与实践相结合、定性与定量相结合，从而保证本书研究目标的实现。

本书研究技术路线如图 1.3 所示。

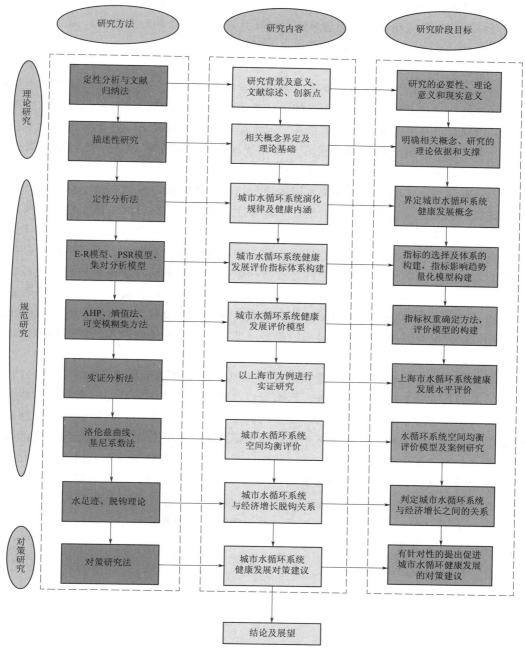

图 1.3　研究技术路线图

1.5　主要创新之处

在把握研究现状的基础上，本书旨在研究城市水循环系统的健康发展状况。主要包括城市水循环系统健康发展的概念及内涵分析，城市水循环系统健康发展的评价指标体系，以及城市水循环系统健康发展评价模型的构建等。以期能够弥补现有研究中的不足，完善城市水循环理论的发展和完善。促进城市水循环系统朝着良性的方向发展，提高水资源的利用效率。本书的创新点主要包括以下 3 个方面：

（1）提出了城市水循环系统健康发展的概念。城市化的发展加速了城市水循环系统的演化，城市水循环的结构、路径受到许多外部因素的影响，正在经历重大的改变。对于城市水循环系统的组成及内部子系统交互耦合关系的分析有利于认识城市水循环系统在变化环境下的内涵并促进其健康发展。本书在二元水循环理论的指导下，基于城市自然水循环系统与社会水循环系统之间的耦合机理及演化规律提出了城市水循环系统健康发展的概念，深化了城市水循环系统健康发展的内涵。

（2）构建了城市水循环系统健康发展的评价指标选择方法，在此基础上构建了评价指标对系统影响趋势的量化模型。在系统性、科学性、动态性、综合性、独立性，以及可操作性原则的指导下，构建了基于实体-联系（E-R）模型的指标选择概念模型。实体指标考虑水资源指标、水环境指标和社会经济指标，联系指标考虑水资源、水环境和社会经济之间的联系指标，从而构建更加全面的评价指标体系，真实地反映水循环过程中受经济发展、社会发展以及生态环境的影响程度。在指标选择的基础上，首次基于集对分析理论构建了城市水循环系统健康发展评价指标分析模型。通过集对指数势的计算，可以反映出各个评价指标对水循环系统健康发展的影响趋势（即对水循环系统健康发展的影响呈增强趋势或是减弱趋势）。

（3）构建了城市水循环系统健康发展评价模型。城市水循环系统是一个具有自然性、社会性、开放性和动态性的复杂系统。影响城市水循环系统健康发展的因素涉及自然、社会、经济、环境等多个相互联系但又相互制约的因素，这些因素的不确定性与模糊性使得经典数学理论难以完善地解决水循环系统中的实际问题，也导致了城市水循环系统健康发展的评价具有高度的复杂性和不确定性，评价结果不能直接用健康与否来描述。因此，本研究课题构建了城市水循环系统健康发展评价的可变模糊集模型，既可以避免经典数学中难以处理因素模糊性的问题，又可以避免传统模糊数学中用"非此即彼"的频率计算公式，去确定表征"亦此亦彼性"的隶属度，并对隶属度作出稳定性论证的悖论，从而使得评价结果更为科学合理。

第 2 章

城市水循环系统健康发展相关概念及理论基础

城市水循环是一个新兴的概念，城市水循环系统是一个涉及城市水资源、环境、社会、经济的复杂系统，其健康发展涉及的概念包括城市、水资源系统、水环境系统、社会经济系统和水循环系统。城市水循环系统健康发展涉及多学科多领域的交叉，与其相关的学科包括水文学、城市水务学、管理学、系统科学、经济学、社会学等。作为一个多学科理论交叉渗透的主题，学习应用相关的理论及方法，能够为城市水循环系统健康发展的评价提供一定的参考，主要包括二元水循环理论、系统评价理论、系统耦合理论、循环经济理论、可持续发展理论、复杂科学理论等。为后文研究提供理论基础和研究思路。

2.1 相关概念界定

2.1.1 城市

城市也可称为城市聚落，是"城"与"市"的结合，其原始形态为人口的聚集部落，最早出现在农耕时代，但仅以消费中心的形式存在。随着社会生产力的发展，城市在行政地域和商业规模上逐渐扩大起来。从经济学角度来看，城市是一个坐落在有限空间地区内的各种经济市场——住房、劳动力、土地、运输等等相互交织在一起的网络系统[131]。从社会学角度来看，城市是具有其独特特征的、在地理位置上有一定界限性的社会组织形式。而从城市规划角度来讲，城市是由非农业人口和非农业市场为主的人口聚集点。因此，本书研究的城市水循环系统不再考虑农业用水的范畴。

2.1.2 水资源系统

关于水资源的概念有很多，至今并未形成统一的定义。国内一般认为水资源就是指地表水和地下水，强调每年可更新的水量资源。国外一般认为水资源特指可被利用的水源，需要具备相应的数量和质量，强调其可利用性。事实上，对于不同的学科领域而言，以上两种概念都具有其合理性，主要是对于水资源范围广义和狭义的区别。

水资源系统是一个自然资源系统，主要是一定区域内由人类可开发利用的所有水源构成的统一体，特指水资源的存储系统。可以看出，水资源系统随着区域的不同、技术手段的不同、社会经济发展阶段的不同有着不同的内涵。对于城市这一封闭的系统来说，随着其发展规模的不断扩大，人类对水资源功能的逐步开发，经济社会用水强度的不断增加，尤其是在现代城市化的背景下，水资源系统与外界经济、社会、环境等系统之间的联系越来越密切，很难将这几个系统区分开来。

2.1.3　水环境系统

从地球环境系统科学角度来看，水环境系统指的是自然水体和人工水体及其外界因素的总和，是水体的客观存在，以水质来反映水体的存在状态。自然水体主要包括江河湖海等地表水和地下水，人工水体主要包括水库、人工湖泊、运河等在人力作用下形成的储水空间，外界因素主要是指对水体产生直接或间接影响的自然因素和社会因素。

从概念上讲，水资源和水环境具有明显的不同。虽然两者的描述对象均为水，但层次有所不同。水资源概念所反映的层面较为具体，包含经济学价值角度的内涵，强调自然界中水的使用。而水环境概念所反映的层面较为宽泛，是从生态和环境科学引申的一个整体性的概念，是水资源形成、分布和转化的外部环境。从广义上来讲，水资源实际上是指水环境中可以被人类社会所利用的，存在使用价值的水的数量。

然而，从水资源开发利用的历史角度来看，不能将两者明确地区分开来。这是由于水资源本身具有社会历史性，随着人类认识及技术手段的进步，可被开发利用的水资源的范围在逐步扩大，水环境中的水转化为水资源；同时，水资源在实现其社会经济价值后，排入水环境造成了水体污染，则水资源就转化为退化的水环境。由此可见水资源和水环境存在辩证统一的关系。由此可知，水资源和水环境是人类看待水问题的角度不同而形成的概念。从整体上来讲，水资源和水环境系统共同构成了水资源环境系统来反映水资源的存在状态，从差异性上来讲，水资源和水环境系统在水的数量和质量的影响下相互转化。

2.1.4　社会经济系统

社会经济系统是由社会子系统和经济子系统共同组成的重要的、典型的复杂系统。社会系统的核心要素是人，人与人之间的相互关系构成了不同层次的子系统。例如居民家庭、工业企业构成了城市的子系统，城市构成了国家的子系统，国家构成了世界的子系统。经济系统指的是由若干经济单元结合而成的具有特定功能的有机整体，各经济单元之间具有相互联系和作用的特征，其概念有广义和狭义之分。广义的经济系统强调物质生产系统和非物质生产系统的相互联系和相互作用；狭义的经济系统指社会再生产过程中的生产、交换、分配、消费各环节的相互联系和相互作用的若干经济元素所组成的有机整体[132]。对于本书来说，社会经济系统构成了城市主要的用水主体。

2.1.5　水循环系统

广义的水循环系统是指地球上的各种水体在太阳能和重力势能的作用下，通过蒸发、水汽输送、降雨、地表和地下径流等一系列环节，将不同生态圈中的水联系起来，构成一个庞大的"水循环系统"。这种广义的水循环系统实际上指的是水的自然循环，是形成特定的水资源格局的客观基础。

在社会发展进程中的人类活动影响下，水循环的路径和特性发生了明显的变化，更多的水资源进入到社会经济系统之中。这种水资源在社会经济系统中的运动过程可称为社会水循环。这只是社会水循环狭义的概念，有一定的片面性。此概念仅体现了水资源的运动过程，未能体现社会水循环内部系统的复杂性。实际上，社会水循环系统可简单地概括为由城市水源、供水、用水、污水处理和排水等环节组合而成的复杂系统，其中，水资源作为纽带将以上各环节紧密地联系起来。

人们对社会水循环的理解还有另一层含义，认为社会水循环是自然水循环的侧支路径，将其包含在自然水循环的范围内。此概念表明了人类活动离不开自然的界限，人类的取用水过程始终离不开自然水循环的限制。但它忽略了人类的主观能动性对自然水循环的影响，例如人类活动导致的气候变化、下垫面变化以及水资源总量的变化、水环境污染等均会对自然水循环产生扰动，并且随着人类活动的增强，这种扰动也在不断增强。因此，社会水循环已成为与自然水循环并列的过程，甚至在某些用水频繁的地区，社会水循环强度已超过了自然水循环。

可以看出，以上对于水循环系统的概念均有一定的片面性，它们在很大程度上只是水循环的外在表现形式或伴随过程，受人类调控下的水循环系统更多的是人类社会经济发展和水环境发展的反映。因此，水循环系统可以看做是连接水资源系统、社会经济系统和水环境系统的纽带，反映了水资源在上述三个系统中不断流转的过程。

2.2 相关理论基础

城市水循环系统的健康评价是一个多学科、多领域的研究课题。与本书相关的理论主要包括：二元水循环理论、系统论、循环经济理论、可持续发展理论和复杂科学理论。其中系统评价理论提供了城市水循环系统健康发展评价的基本框架，二元水循环理论反映了城市水循环系统演化的趋势，系统耦合理论反映了城市水循环系统的内部特征，循环经济理论反映了城市水循环系统健康发展的外在表现，可持续发展理论和绿色发展理论反映了城市水循环系统健康发展的基本内涵。这些理论之间相互联系，共同形成了本书的理论基础。

2.2.1 二元水循环理论

所谓二元水循环，是将太阳辐射和地心引力为主的自然力和人类对水资源的干扰力结合为水循环系统演变的"双"驱动力，从自然和社会二元的视角来研究变化环境下的水循环与水环境演变的过程与规律。主要体现在以下两个方面：一个是将人类对水资源的干扰力作为影响水循环系统演变规律的内生因素，主要包括水利工程的建设、城市化引起的下垫面改变、废气污染引起的气候条件的变化等；另一个是将人类使用水资源的过程（即供水-用水-耗水-排水）内嵌为自然水循环的人工侧支循环来考虑。从以上两个视角来看，传统的"一元"水循环随着对自然改造能力的逐步增强，尤其是现代环境下在部分人类活动密集区域甚至超过了自然作用力的影响，水循环过程呈现出越来越强的"天然-人工"二元特性。也可表述为水循环系统可分为自然水循环子系统和社会水循环子系统，两个子系统之间相互影响和制约，同时保持动态耦合关系。其中人类对水资源的使用和改变是联系两个子系统的纽带，也是社会水循环对自然水循环影响最为剧烈和最为敏感的因素。

1. 二元水循环的特征

（1）驱动力是水循环得以持续发展和演变的基础。驱动力由一元转化为二元主要表现为：自然状态下，水资源在太阳辐射、重力势能等作用下不断进行状态的改变。在人类与水相关的活动逐渐增加以后，水循环的内在驱动力表现出了明显的二元特性，在用水量较大的区域，人工驱动力对水循环的影响起到主要作用，自然驱动力对水循环的影响起到次要作用。人工驱动力改变水循环的方式主要表现在以下几个方面：①人类的用水需求促使水循环改变了原有的运动状态，使水资源由供水侧流向需水侧，同时也改变了水循环通量；②人类有意识地修建水利工程（大坝、水库、人工湖泊），改变了水循环的布局；③人类对水产品的需求使得水循环中的部分实体水转化为虚拟水。可以看出，在人工驱动力的作用下，水资源由自然流动转变为按照人类意志流动，被引入到社会经济系统中。在如今经济高速发展的环境下，随着人们对水资源各种价值的发掘，利用水资源的方式和手段也在不断丰富，人工驱动的作用更加深远。因此在研究水循环的驱动机制时，必须把人工驱动力作为与自然力并列的内在驱动力。

（2）服务功能的二元化是二元水循环的本质。原始条件下，水循环主要发挥其生态环境服务功能，主要表现在：①随着水资源的流动，形成某一区域独特的水环境；②水资源不断进行着固态、气态和液态的交替变化，形成某一区域独特的气候条件和地表形态；③水资源周而复始的运动，维持了全球水体之间的动态平衡，使每个地区的水资源得到不断更新；④水资源的运动过程促进着自然界中的能量循环。当水循环由一元转化为二元之后，其服务功能也得到了拓展，主要表现为水资源通过循环过程来支撑社会经济系统的发展。其社会功能表现在为人类生存生活的基本要素，社会的进步离不开水资源；其经济功能表现在水资源为工业、农业以及第三产业的发展提供必要的物质原料，从而获得经济收益；同时，水循环的环境服务功能也得到了拓展，通过修建景观湖泊来改善人居环境。可以看出，水循环的服务功能随着人类社会经济系统的发展而不断拓展。人类对自然水循环系统的影响和改造，其目的归根结底是利用水循环系统为人类社会经济发展服务，因此二元水循环的本质是服务功能的二元化。

（3）结构和参数的二元化是二元水循环的核心。结构的二元化主要表现在：天然状态下，水资源周而复始地经历着大气降雨-地表径流-地下径流-回归大气的自然结构。在人工驱动力的改造下，形成了包含水源、供水、用水、耗水、污水处理、排水以及回用等环节在内的复杂社会水循环结构。参数的二元化主要表现在：原始的水循环主要受到气候、下垫面等参数的影响。一方面，人类活动改变了这些参数的状态，例如温室气体的排放造成了气候的变化，城市化的发展造成了不透水面积的增加，改变了下垫面的状态，从而影响着水循环过程；另一方面，水资源进入到社会经济系统后，影响其循环的参数变得十分复杂，例如人类生活需水量、经济发展需水量、水资源消耗量、污水处理技术、人们的节水意识，等等。需要说明的是，尽管不同地区的水循环结构大同小异，但水循环参数的差距较大，在对水循环系统进行研究时，必须充分结合地区的水资源条件以及经济社会发展特点。水循环的结构和参数决定了其未来的发展状态，因此二元水循环的核心是循环结构和参数的二元化。

（4）循环路径的二元化是二元水循环的表征。循环路径与循环结构是密不可分的，不同的是循环结构反映的是水循环的内部特征，而循环路径则反映了水循环的外在表征。与循环结构相同，原始状态的水循环路径主要包括水汽传输路径、坡面汇流路径、河道水系路径、地下水径流路径、土壤水下渗路径等。循环路径的二元化指的是人类活动一方面改变了上述路径。例如人类通过人工降雨改变了水汽传输路径；通过提高森林覆盖率改变了坡面汇流路径；修建人工渠道改变了河道水系路径；通过开发利用地下水改变了地下水径流路径；通过增加不透视面积改变了土壤水下渗路径等。另一方面水资源进入社会经济系统后形成了新的水循环路径，其中最为明显的是城市管网设施的完善，形成了水资源在城市社会经济系统中的复杂循环路径。人类活动对水循环路径的改造和影响是实现其对流域水循环干预的主要手段和水循环二元化的外在体现，因此水循环二元化的表征是循环路径的二元化。

2. 二元水循环的效应

现代化背景下的水循环存在明显的二元特性，人类对自然的干预和改造一方面改变了水体的自然流动规律，另一方面拓展了水循环的功能属性，在原有的自然属性的基础上增加了社会属性和经济属性，从而影响着自然水循环的功能实现，进而衍生出一系列相关效应，主要分为4种：一是水资源次生演变效应，主要表现为水循环演变所带来的水资源短缺；二是由于污染物大量地排放到自然水体中所造成的水质恶化，进而引起的水环境效应；三是水环境改变引起的水生态的改变，主要表现为天然生态环境的衰退和人工生态的发展；四是社会经济效应，主要表现在三个方面：首先，水资源作为经济系统不可或缺的生产要素，对经济的发展有着基础支撑作用；其次，水资源作为社会经济系统中产生的污染物的载体，完成了污染的转移，对社会系统有较大的促进作用；最后，水资源作为自然水循环系统中的基础要素，对保障自然生态以及社会经济健康发展有约束作用。可见，人类活动对水循环过程的干预衍生了水循环的经济属性和社会属性。

（1）水资源次生效应。自20世纪开始，我国开始出现了由于淡水资源的缺少而导致的水资源不能满足人的生存和生产发展的气候现象。受到人类活动的影响，气温升高，蒸发量随之增大。同时，人类为了谋取发展，过度的开发利用水资源使得地下水补给量明显减少。由此导致了社会经济发展和用水需求的矛盾逐渐激化，这一情况若不能及时改善，将会形成恶性循环，加剧水资源短缺现象。水资源次生效应表现最明显的是城市地区，基础设施的建设和产业经济的高速发展大大提高了水资源供给要求，造成了可利用水资源量的严重不足。

（2）水环境效应。水环境效应主要表现在水质恶化方面，其主要原因是人类将生产生活中产生的污染物排放入自然水体而超过了水环境的承载能力。强烈的人类活动和经济发展导致的污水无节制排放不仅对地表和地下水系造成污染，同时导致了水环境的失衡。自人类认识这一问题以来，采取了一系列措施来改善这一情况，取得了一定的成效。数据显示，2013年以来，我国工业污水排放量呈现出逐渐减少的趋势，但生活污水排放量仍以4.2%的年复合增长率持续增长，总体情况不容乐观。此外，水体中氨氮、总磷和化学需氧量等污染物，不仅加重了水环境负担，还减少了可用水资源量，降低了水体自净能力，如此恶性循环，加剧了水环境问题的严重性。

（3）水生态效应。水生态和水环境是密切相关的，二元水循环的水生态效应是伴随着水环境效应而产生的。主要表现在两个方面：一是水资源的过度开发所引起的水生态问题。例如人类社会经济系统用水以及耗水强度的增加，使得能够回归到自然水体的水资源量减少，水资源更多地以蒸发的形式排入到大气之中。从而导致了地表径流的减少，造成了自然生态系统缺乏必需的淡水量。二是伴随着大型水利工程的修建，在改变了水循环路径的同时，也容易打破原有的生态平衡，造成了水资源在时空分布上的不稳定性。

（4）社会经济效应。前文所述的水资源次生效应、水环境效应和水生态效应均反映了二元水循环所带来的负面影响，而水循环的社会经济效应则体现了其对社会经济系统的促进作用。水资源是人类社会中生产生活不可或缺的基础元素，水资源通过社会水循环参与到社会经济发展之中，并且带来了社会和经济效益。但是，需要说明的是，社会经济发展是无限的，但是水资源总量是有限的。因此，人们在享受水循环所带来的社会和经济效益的同时，不能忽视有限水资源的约束。这就要求社会经济系统提高水资源的利用效率，减少新鲜水的使用量，积极地调控供水、用水以及排水等社会水循环的核心环节，在保证社会和经济效益的同时降低水循环所带来的负面影响。

本书拟从城市的角度对水循环的发展状态进行评价，首先必须认识到二元水循环在城市水资源分布和使用中的基础作用。伴随着人类活动的增强，城市社会水循环对自然水循环扰动的加剧，容易诱发一系列的水安全问题。因此，在城市水循环系统健康发展评价过程中，必须紧密联系二元水循环理论，深入分析城市自然-社会水循环之间的相互作用机理，使评价过程更加合理。

2.2.2 系统论

系统是指由两个或者两个以上的互相联系的要素组成的、具有整体功能和综合行为的集合。该定义规定了组成系统的3个条件：①组成系统的要素必须是两个或两个以上，它反映了系统的多样性和差异性，是系统不断演化的重要机制；②各要素之间必须具有关联性，系统中不存在与其他要素无关的孤立要素，它反映了系统各要素相互作用、相互激励、相互依存、相互制约、相互补充、相互转化的内在相关性，也是系统不断演化的重要机制；③系统的整体功能和综合行为必须不是系统各单个要素所具有的，而是由各要素通过相互作用而整合出来的。系统具有以下几个特点：

（1）系统具有一定的边界。系统边界是区分系统内外的标志。

（2）系统常具有一定的层次结构。一般系统都可以再细分为若干子系统，系统本身也有可能是一个更大系统的子系统。

（3）系统由两个或两个以上具有密切联系的要素组成，要素之间在数量上有一定的比例关系，在空间上有一定的位置排列关系。

（4）系统不但能反映各要素（子系统）的独立功能，还能产生要素（子系统）所没有的功能，这种特性也称为系统的整合特性（emergent property），系统整合特性的正面形象往往被表达为"一加一大于二"。

从系统周界与环境的相互作用的角度看，系统可看作是由系统输入、系统周界作用和系统输出组成的集合。系统输入是环境对系统的作用或激励，系统输出是系统对环境的作用或响应，系统周界作用是系统输入与输出的一种映射关系，是系统内部状态和输入、输出的一种内在和外在关系。例如城市水资源的供-用-耗-排构成了一个典型的系统：把供水过程作为输入，把污水的处理排放作为输出，把由供水过程到排水过程的映射关系作为系统周界作用，反映了系统内部状态（水资源量）与输入（供水）之间的内在联系以及系统内部状态（水资源量）与输出（排水）之间的外在联系。

1. 系统评价理论

系统评价是系统科学研究评价理论的一个重要分支，也是系统工程的特有内容和重要环节。

系统评价以系统问题为主要研究对象，借助科学方法和手段，对系统的目标、结构、环境、输入输出、功能、效益等要素，构建指标体系，建立评价模型，经过计算和分析，对系统的经济性、社会性、可持续性以及效益性等方面进行综合评价，为决策提供科学依据。

从评价标准和评价对象角度，可把现有的系统评价方法分为 4 类：一是在没有系统评价标准的评价，可称为聚类评价方法，如模糊类，按照样本集的数据特征构建聚类中心，并利用各样本对各聚类中心的隶属程度进行分类；二是在已知系统评价标准下的评价，可称为等级评价方法，如可变模糊集方法，在已有了分类标准的情况下，判定样本对各级别的归属；三是在虚拟系统评价标准下的评价，如理想点法和灰色关联分析等；四是以可行方案为评价对象的评价，也就是基于决策分析的评价方法。其中，前三类方法的评价对象是评价系统的客观状态，其主要目的是认识系统，而第四类方法的评价对象是针对系统面临的各种自然状态所需采取的各种行动方案，其主要目的在于管理系统。

系统评价问题主要由评价者、评价目标、评价对象、评价指标、评价标准、指标权重和评价模型 7 类要素组成。系统评价方法论就是处理各类系统评价问题的一般步骤如图 2.1 所示。

系统评价的主要目的就是综合判断系统运行的历史轨迹和当前状态，预测系统发展的未来趋势，建立必要的评价信息，制定并实施相应对策和实施方案，以促进系统协调发展与运行。

2. 系统耦合理论

系统耦合一个原本是物理学的名词现今被广泛应用在农业、生物、生态、地理等各种研究中。由于研究项目的综合性、复杂性，需要各种学科知识的交叉、融合使得系统耦合备受关注，尤其在生命、地球科学领域，更是众多学者探索的焦点问题。系统耦合理论（包括机理和机制）的研究正如火如荼地开展而迸发出勃勃生机。

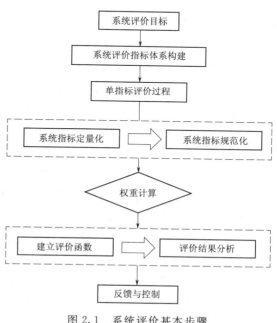

图 2.1 系统评价基本步骤

对于耦合概念的内涵有许多不同的界定和理解。"耦合"一词最早来源于物理学，是从相对于两个或两个以上主体之间的物理关系衍生而来的概念，是两种或两种以上系统要素（或子系统）之间相互作用、相互演变及其最后发展的结果。在物理学中，相干性是一种耦合关系，耦合各方经过物质、能量和信息的交换而彼此约束和选择、协同和放大。约束和选择意味着耦合各方在一种新的模式下协调一致地活动，其属性可以被拓宽放大，它们交互重叠在一起，共同导致属性不可分割的整体的形成。系统内部结构的交互情况是系统耦合程度的标志，如果系统各要素之间交互程度较大，则说明系统对于其包含的要素的控制性较强，反之则控制性较弱。但是，系统内部结构的交互情况并不能反映系统各要素之间的协调发展能力，这是因为系统耦合的过程不同，对各要素的要求也不相同，如果较弱的交互性但却能带来系统各要素之间的协调发展也是成功的耦合。

系统的耦合协调性并不意味着系统的各要素完全融为一体，尽管它们之间存在着相互结合和互补的过程，但仍保持各自的相对独立性，只是各个要素可以更加协调相互之间的分工，彼此促进各自的功效。例如二元水循环理论中自然水循环子系统和社会水循环子系统有着相互影响和促进的关系，但是两个子系统之间必须保持各自的独立性，社会水循环不能影响自然水循环系统，否则就会破坏两者之间的动态平衡，从而造成水循环的恶性发展。

系统的要素耦合可以产生正、负效应，而人们也根据不同情况设计或控制系统耦合的过程。系统中任一要素的不协调都会限制和制约整个系统的发展，这主要表现为耦合效应的共生共存性。耦合系统这一复杂系统不断进行着量变积累，进入某一稳定状态后，扰动或某些约束条件的出现会打破现有的平衡，在各子系统的协同作用下逐渐调整并与外界环境相适应，达到新的稳定状态。因此，在研究区域耦合系统发展的过程中，需要进行实时调控，从外部积极引入正向扰动，避免负向扰动。

2.2.3 循环经济理论

循环经济理论是由美国经济学家 K. 波尔丁在 20 世纪 60 年代提出的，可以定义为：循环经济是以可循环资源为来源，以环境友好的方式利用资源。保护环境和发展经济并举，把人类生产活动纳入自然循环过程中。所有的原料和能源都能在这个不断进行的经济循环中得到合理的利用，从而把经济活动对自然环境的影响控制在尽可能小的程度，经过相当长一段时间的努力使生态负增长转变为生态正增长，实现人类与生态的良性循环。

循环经济本质上是一种生态经济，要求运用生态学规律来指导人类社会的经济活动。它实际上就是要减轻地球环境的负荷，维护生态平衡，其发展要求必须以技术为核心，减少污染排放量，合理利用能源和资源，更多地回收废物和产品。也就是尽量减少废弃物量，同时还要能够以环境可接受的方式处理废弃物，其目标要求必须取得经济与生态的协调发展，从而能够最终走上可持续发展之路。循环经济理论遵循 3R 原则，即减量化原则——减少进入社会经济系统的生产原料，从源头上减少废弃物的产生；再利用原则——最大程度地发挥生产原料的使用次数，通过再利用减少污染物的产生；再循环（资源化）原则——变废为宝，对废弃物重新利用，从另一种角度减少新鲜生产原料的使用。

循环经济模式不仅改变了传统的经济增长方式，促进经济增长由单向流动转变为循环流动，很好地协调了社会经济发展与自然资源之间的关系；同时摒弃了"先污染后治理"的末端治理模式，有利于实现资源、环境、经济、社会的共同可持续发展。

2.2.4　可持续发展理论

可持续发展的概念为既满足当代人的需要，又不损害后代人满足需要的能力和发展，它是在全球经济社会不断发展进程中而演化形成。可持续发展理论所强调的是不能只关注经济的短期发展，而是要强调人口、资源、生态、环境、经济和社会整体协调发展。

与循环经济理论类似，可持续发展理论遵循公平性、持续性和共同性三大原则。其中公平性表现在两个方面：横向上的同代人之间的公平，实现当代人之间资源利用的公平；纵向上的世代人的公平，当代人对资源的利用和消耗要以不损害后代人使用机会为前提。持续性表现在资源环境在受到扰动后自我恢复的能力，这就要求人们在使用自然资源时不能超过自然生态环境的最大承载力。共同性原则表现在发展不是一个人的发展，要实现区域、全国乃至全球的共同发展，正如联合国世界与环境发展委员会（WCED）在1987年发表的报告《我们共同的未来》中提出的实现可持续发展就是人类要共同促进自身之间、自身与自然之间的协调，这是人类共同的道义和责任。

可以看出，在经济方面，可持续发展要求其高质量发展，由注重"量"的视角向注重"质"的视角转变。在资源方面，可持续发展要求其高效地利用，强调资源的可持续利用，从而能够不断满足人类生存需求和发展需求的目的。

2.2.5　复杂科学理论

复杂科学理论起源于20世纪80年代，并随着系统科学的进展而不断深化。从普利高津的耗散结构理论、哈肯的协同学、艾根的超循环论到托姆的突变论等理论，这些理论揭示了在混沌中发现的秩序、在无序中发现的有序、在可变性中找到的不变性，以及在差别中显现的连贯性。复杂科学理论的特点包括体现在社会这个巨系统的不同子系统中提供了有利的研究视角和方法，其中包括竞争和对抗中所体现的互补性。

复杂科学理论是一门跨学科的研究领域，专注于探索复杂性和复杂系统的内在规律。其核心思想是采用复杂性的思维模式来理解事物，认为复杂系统的发展具有统筹性、开放性、动态性和非线性等特征。这种理论主张复杂系统中的各要素具有随机性和不确定性，个体之间相互影响并不断进化，同时受环境变化的影响；反之，系统又会对环境产生影响。此外，复杂系统呈现多层次结构，每个层次的利益和责任通常不一致，需要协调处理。系统的组成部分具有智能功能，蕴含着专家的经验和智慧，需要具备高度思维能力的人介入管理。

复杂科学理论的观点和原理为我们提供了一个独特的观察与研究事物的视角。在这个视角下，我们看到的是一个立体网络化的世界图景：复杂事物作为一个完整的整体，独立成系统，同时与相关系统相互联结，形成更大的综合体。在复杂系统中，系统内部各组成部分通常呈现出开放、动态和非线性的相互关联。这要求我们在认识复杂事物时，不能沿着将局部和要素从整体中孤立出来、研究其特性并相加的路径，而应从整体的角度来理解系统。

第 3 章

城市水循环系统演化及健康内涵分析

传统的健康水循环观念强调人类活动不应该影响到水的自然规律。然而随着二元水循环理论的发展，城市水循环演变规律受到自然和社会二元驱动力的综合影响，表现出高度的复杂性。尤其随着社会经济需水和社会水循环通量的增加，极大地改变了城市原本的水循环特性，城市用水量的保障以及水环境的外部性问题逐渐显现出来，成为了制约城市水循环系统健康发展的主要因素。要实现对城市水循环系统的健康评价要建立在科学认知城市水循环系统的基本结构、循环过程、驱动机制以及演化规律的基础上。因此，本章首先分析了现代化背景下城市水循环系统的模式以及结构；其次，从水循环通量、循环过程和驱动力 3 个方面对城市自然水循环系统和社会水循环系统之间的耦合机理进行探究。在上述分析基础上，提出了城市水循环系统健康发展的概念，并从发展的目标和条件两个方面深化其内涵。

3.1　城市水循环系统分析

3.1.1　城市水循环模式

随着城市化、工业化以及人口的快速增长等外部条件的共同作用，以及城市化所带来的为城市人口提供水服务的需求（包括供水、排水、废水收集和管理等），世界各地的城市水循环系统存在许多的外部影响和干预，目前正在经历重大的变化。由此衍生而来的受"城市化"影响而改变的水循环也可称为城市水循环。

正是由于城市长期发展过程自然和社会因素的影响，有效地推动了城市二元水循环模式的形成。从模式上看，城市水循环由自然水循环和社会水循环两个部分组成。自然水循环是水资源形成、演化的客观基础，是满足城市用水需求的基本保障，也是维持城市地表坡面、河流湖泊等生态系统中最基础最活跃的要素。自然水循环主要反映在水资源系统和水环境系统之中，主要包括大气系统、地表系统、土壤系统、地下系统。

自从人类开始开发使用水资源之后，水资源的自然分布格局被打破。尤其是城市的出现且进入快速发展阶段以后，城市人口和建设规模不断扩张，社会经济活动强度不断增大，进一步加剧了水循环过程的演变。城市水循环系统包含水资源的形成、转化、输出等过程，在人类活动（包括取水、用水、排水等）的影响下，城市水循环系统中社会水循环强度逐渐增大，且逐渐占主导作用。至此，城市水循环由单一的自然水循环模式转化为"自然-社会"二元水循环模式，如图 3.1 所示。

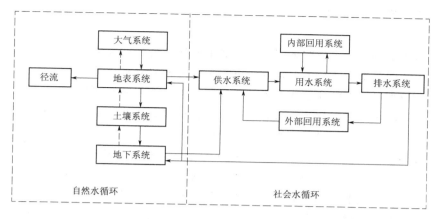

图 3.1　城市二元水循环模式

3.1.2　城市水循环结构

根据系统学原理，从横向结构上来看，城市水循环系统由水资源子系统、社会经济子系统以及水环境子系统构成，并因各自的结构功能不同，在城市水循环系统中处于不同地位，发挥不同的在作用。其中，水环境子系统是基础结构，是人类赖以生存与发展的各种生态因子和系统环境的总和。社会经济子系统为主体结构，是涉及人类活动各个方面的诸多因素的组合。而水资源一方面是生态环境的基本要素，是其结构与功能的组成部分，水环境系统将水以资源的形式输出到社会经济系统中；另一方面水资源又是国民经济和社会发展的重要物质基础，是社会经济系统存在与运行的原动力，并作为生产要素参与到社会经济系统的生产和消费的全过程，社会经济系统又将处理后的水资源输入到生态环境系统中。水资源以其运动形式作为物质和能量传动的载体，进入社会经济系统和生态环境系统实现其价值，并不断地循环运转。因此，水资源在生态环境系统和社会经济系统中持续地输入以及输出，构成了城市水资源循环系统。

可以看出，水在城市生态环境系统和社会经济系统中不停地运动实现了城市两大系统之间的物质循环和能量交换，为人类的经济社会活动和赖以生存的环境提供了源源不断的物质和能量。当然，维持这种物质循环和能量转换的持续需要通过一定的技术手段来实现，主要表现在城市水循环系统的纵向结构之中。借鉴二元水循环理论，城市水循环系统的纵向结构主要由水源子系统、供水子系统、用水子系统、排水子系统和外部回用子系统构成。

1.水源子系统

水源子系统体现在自然水循环过程中，城市水源一般包括地表水、地下水和土壤水系统。城市化背景下的水源系统发生了很大的变化，从单一的由江河湖泊直接取水方式，改变为人工蓄水库、海洋水淡化、跨区域调水、回用水等方式，这些都归属于地表水源的范畴。当地表水源不能满足人类社会经济用水需求时，部分深层及浅层地下水、泉水成为了新的供水水源，这些可归属于地下水源的范畴。其中，规模较大的地下水的勘察工作量大，开采量也受到限制，而地表水常能满足大量的水资源需求，特别是大城市的需要。因此，城市水源系统以地表水源为主。

2. 供水子系统

供水子系统连接着城市自然水循环和社会水循环，是水资源从自然水循环过程向社会水循环过程过渡的纽带。从环节上来看，供水系统可分为取水环节和供水环节。取水环节是水资源流出城市自然水循环过程的末端，按照人与自然和谐发展理念，人类社会取水过程需满足水资源取用量不影响城市自然生态环境正常服务功能的要求，一般认为人类由自然水循环中的取水量不能超过城市水资源总量的 40%。

供水环节是水资源流入城市社会经济系统的始端，一般包括给水过程和输配水过程。供水环节的物质设置一般包括净水厂、供水管网等，是水资源通过取水环节之后，按照城市不同用水主体对水质要求的不同，经自来水厂处理后，通过城市输水系统向各用水主体配水。输水系统按照传送媒介可分为输水河道、输水管道、输水渠道等；按照输水方式可分为自留系统、水泵供水系统和混合供水系统；按照服务对象可分为工业供水、生活供水、农业供水和生态供水。供水环节一般需满足以下要求：①不同用水主体对水质要求不同，例如人类生活用水需取用以人类健康基准值为依据的Ⅲ类水，工农业用水则取用适合其用水要求的Ⅳ类水，因此，在供水环节中要实现水质的按需处理；②输配水过程中一般采用就近供给原则；③供水过程需考虑城市产业结构，按照不同产业的用水需求分配水资源量。

3. 用水子系统

用水子系统是城市水循环过程中最核心的环节，是城市社会经济系统使用及耗散水资源价值的过程。在此过程中，水资源的自然生态价值逐步转变为社会经济价值，并随着对水资源的消耗，其价值逐渐减小。本书是以城市为主体进行研究，属于中观层面的用水单元，又可以细分为包含住宅区、工业园区和灌区等在内的微观层面的用水单元。按照用水主体的不同，用水系统可以进一步分为居民生活用水、工业用水、第三产业用水和生态环境用水 4 类。其中生活用水主要包括饮用、烹饪、洗衣、洗澡、保洁等几个层次；工业用水主要包括冷却水、锅炉用水、洗涤用水和产品用水几个层次；第三产业用水主要包括宾馆、医疗、学校、机关用水等几个层次；生态环境用水一般包括绿地用水、河湖生态环境用水和环境卫生用水 3 个层次。其中河湖生态环境用水是指维持城内河流基流和湖泊一定水面面积、满足景观及水上航运、保护生态多样性所需要的水量。本书在城市生态水循环过程中仅考虑城市绿地灌溉用水和广场、道路洒水等环境卫生用水。

用水子系统与城市社会经济的发展水平有着密切的关系，一方面表现在人口增加、经济发展导致的用水量的增长，另一方面表现在人们节水意识提高、用水效率的提高导致的用水量的减少。可见，用水系统是关系着城市水资源短缺程度的重要因素，因此实现用水系统的良性发展是破解城市水问题的重中之重。用水系统除了有用水环节之外，还包含耗水环节。耗水主要指的是用水环节中的水资源蒸发、渗漏以及其他消耗（人类饮用消耗、工业产品消耗等）。不同用水主体的用水效率不同，耗水量有所不同，使用后回归为自然水系的量也不同。因此在用水过程之中提高水资源重复使用和循环使用效率，减少不必要的耗水量，是实现用水健康的重要手段。

4. 排水子系统

排水子系统是城市社会水循环的末端，是将社会经济系统中的污废水排入自然水循环的过程，发挥"异化"污水的功能。城市排水过程包含城市污废水和雨水的收集、输送、处理和排放。与用水系统不同，排水系统是城市发展到一定阶段产生的重要基础设施。从结构上看，城市排水系统由污水管网、排水管网和污水集中处理厂3个部分构成，相对应的从环节上看，城市排水系统由污水收集环节、污水处理环节和排放环节构成。其中污水收集环节与城市用水量相关，将城市社会经济系统产生的污废水通过污水管网输送至污水处理厂；污水处理环节发挥着净化污水的重要功能，是保证城市水环境对污水负荷合理承载的重要环节，通过一定的技术手段处理污水使之满足排放水质要求；排放环节是城市的排泄和净化系统，将处理后且不可回用或不需要回用的污废水集中排放，排出城市的水资源回归到自然水循环过程中，并将进入到下一个循环系统之中。

可以看出，供水系统和排水系统是城市自然水循环和社会水循环的两个关键链接点，并分别从水资源数量和水资源质量上影响着整个循环系统。

5. 外部回用子系统

外部回用子系统是相对于水资源的内部循环使用而产生的，内部循环是指使用过的水未经处理循环使用于同一个用水环节或重复用于下一个用水环节，而外部回用系统主要是指将处理后满足一定水质要求的水资源进行再利用的过程。污水回用可看作是城市第二水源，与传统水源相比，回用水具有明显的优势。从环境效益上看，回用水的使用一方面可减少新鲜水量的使用，从量的角度缓解水资源短缺压力；另一方面减少污水排放量，从质的角度缓解水环境的压力。推动回用水发展的主要动力在于：一方面，社会对水资源的需求不断增加，而可利用的水资源量却由于气候变化等原因逐渐减少；另一方面，各国家和地区的环境政策则日趋严格；同时，再生水在经济上也具有优势，现在生产用水消耗成本很高，使用再生水会节省大量的资金。

总之，外部回用子系统推动了再生水的回用量，既可以解决由水资源短缺造成的供需矛盾，又可以维持城市生态环境的良性循环，在推动城市社会经济绿色发展过程中具有举足轻重的作用。

3.2 城市水资源自然-社会循环耦合关系分析

3.2.1 城市自然水循环与社会水循环间的要素流转

城市水资源自然循环与社会循环之间的要素流转从整体上看，水资源系统通过直接为城市用水主体（工业、生态、生活）供水或经由自来水厂供水的过程，为社会经济系统的运转提供净水资源的供给。净水资源经过社会经济系统的运转后，产生社会经济效益并附带废弃物，对于水环境系统来说，这个废弃物即为城市污废水。城市污废水经过污水处理厂等部门的处理后，重新回归为水资源环境并经过其自我净化循环后，成为净水资源，为城市社会经济系统的健康运转提供必要保障。可以看出，水在水资源系统与社会经济系统之间表现为净水的流转，在水环境系统和社会经济系统之间表现为城市水环境对污水的承载，在水资源系统和水环境系统之间表现为污水、净水的相互转化。城市水资源自然循环与社会循环间的要素流转如图 3.2 所示。

3.2.2 城市自然水循环与社会水循环间的耦合作用特征

城市社会水循环依附于城市自然水循环，是城市水循环中与人类活动紧密相关的水循环过程。随着人类活动的增强以及对水资源潜在价值的不断开发，城市社会水循环对自然水循环的影响逐渐明显，较大程度地改变了城市水资源的运动状态。由前文的分析可

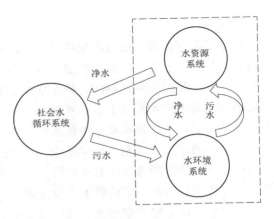

图 3.2　城市水资源自然循环与社会循环系统间要素流转示意图

知，城市自然水循环系统和社会水循环系统很难忽略彼此而单独存在，水资源作为生产要素在两大系统之间不断流转，将两者紧密地联系在一起。水的社会循环以自然循环为基础，又不可避免地对其造成了一系列影响。人类改造社会水循环的过程不仅包括直接取用水资源造成的时空分布的转变，也包括通过一系列水利工程（水库、大坝、渠道等）的修建，使水资源的自然运动过程发生改变，形成新的水循环过程。两个循环系统之间的耦合关系主要表现在循环通量的此消彼长、循环过程的深度耦合以及循环驱动力的交叉融合 3个方面。

1. 循环通量的此消彼长

从社会经济发展的视角来看，城市水资源的社会循环使得水循环的功能由最初的环境和生态功能发展到社会经济的范畴中。同时也由于自然水资源进入到社会经济系统，且以水循环为载体的城市污废水的排入，城市水循环在发挥社会经济效应的同时，较大范畴地削弱了它的生态和环境服务功能。这是由于两方面的原因造成的：一方面，某个城市水资源总量在一定程度上是较为稳定的，城市经济社会不断地攫取水资源，使社会水循环的取水、用水、耗水通量不断增加，从而减少了自然水循环中用以维持生态和环境的用水量。例如在我国水资源开发利用率较高的地区，社会水循环的通量超过了自然水循环的可承受能力，从而造成区域内河、湖、湿地生态系统遭到严重破坏的现象。另一方面，城市水资源是量和质的统一体，社会水循环的水消耗及排放过程往往伴随着负外部性。主要表为若污染物的排放超过了河湖的自净能力，将会带来一系列的水污染问题。

从人的视角来看，城市社会水循环因人而产生和发展，人是影响城市水循环演变过程的主导因素。一方面，人口的增长直接导致用水需求量增加，增大了社会水循环通量，加快循环频率，从而加重了水环境负荷（水体污染），削弱了水的自然循环能力；另一方面，通过人的节水意识和科技水平的提高，可有效地提高水资源的利用效率，减少社会水循环通量，从而促进自然水循环的健康发展。

2. 循环过程的深度耦合

从城市水循环的全过程来看，循环的始端和末端（取水端、排水端）以及初级的社会

水循环过程环节都与自然水循环的耦合十分紧密，自然循环的每一个环节，社会水循环都有可能参与其中，如图3.3所示。

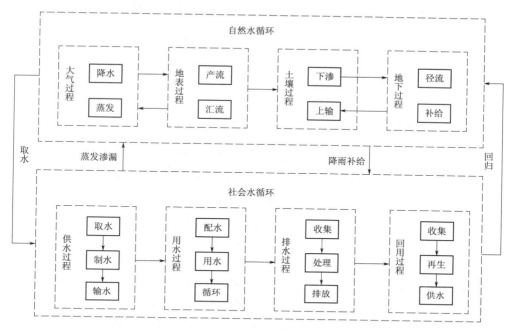

图3.3 城市自然水循环与社会水循环基本过程与相互关系

　　但这种耦合并非一成不变的，它受水资源禀赋、城市社会经济发展程度以及水资源开发利用程度的影响。例如，在社会经济较为发达的城市，随着城市用水结构趋于稳定，供水、用水、污水处理以及排水子系统的发展趋于完善，水循环过程中水资源的无效漏损量逐渐减少；同时随着人们节水意识的增强，用水技术的发展，城市生活用水内部回用程度不断增加，再生水作为新的替代水源，人们在城市水源地的取水量以及排水量相应的减少，水资源多以自然的蒸发或蒸腾回归到自然水循环过程中。从这个角度来讲，社会水循环的始端（供水端）和末端（排水端）与自然水循环的耦合关系逐渐减弱。反之，对于社会经济发展较为落后的城市，经济发展是其首要任务，城市用水量仍呈现不断增加的趋势。再加上城市水循环的各个环节发育并不完善，水资源利用效率低下，导致了水资源更多地以生产要素的形式存在于城市社会水循环过程中。从这个角度来讲，社会水循环的始端（供水端）和末端（排水端）与自然水循环的耦合关系逐渐增强。

　　3. 循环驱动力的交叉融合

　　城市化背景下，水循环的演变过程受自然和社会二元驱动力的综合作用，城市水资源流动过程不仅受重力势能和太阳能的驱动，同时也受人类主观意志和价值判断的制约和影响，流动方向具有复杂和不确定性。其中自然驱动力是形成城市水资源禀赋和水循环正常运转的基础，决定了城市居民生活用水方式和产业布局，同时也决定了人们开发利用水资源所采用的技术手段。社会驱动力是水资源的自然生态价值转化为社会经济价值的必要条件，它促使水资源的开发利用程度、水循环方式和结构逐步产生变化，进一步影响人们对

31

水资源潜在功能的发掘和水资源利用手段以及效率的改进。可见，城市水循环的自然驱动和社会驱动存在周而复始的相互影响和制约和动态平衡的关系。由于自然驱动力相对而言较为稳定，而社会驱动力随着经济社会的发展存在较大变数，因此这种动态平衡关系常常因为人为因素的不合理而被破坏。

3.3 城市水循环系统的演化

3.3.1 城市水循环系统的演化机制

城市二元水循环的演变呈现一种渐进、有序的系统发育和功能完善过程。按照社会经济的发展程度与水问题风险的程度两大因子，水循环系统在不同的城市表现出不同的模式。例如，从发展中城市、发达城市再到生态城市，城市用水与排水的外部影响日益降低，城市内部用水效率逐步提高，发展中城市水循环系统处于初级阶段，城市社会经济规模较小，城市水问题逐步攀升；发达城市水循环系统处于中级阶段，城市社会经济规模日益增大，城市水问题风险水平逐渐攀升；生态城市水循环系统处于高级阶段，随着城市社会经济规模趋于稳定，城市水问题得到很大程度的控制，实现城市人水和谐的水生态文明状态。我国大部分城市尚未达到生态城市水循环的阶段，仍处于水循环系统的高速演变阶段。

从自然辩证法的观点来看，任何事物都有生成、演化、发展到消亡的过程，在这个过程中要遵循普遍的规律。系统之间存在着普遍联系，系统外部条件的改变以及系统内部组成要素的变化必然导致系统整体发生相应的变化而每一次改变所形成的结果必然是后续变化发展的基础[134]。在人类社会形成之前，水循环按照自然规律演化；在人类社会形成之后，尤其是城市形成之后，人类在活动范围内运用客观规律控制水循环的演化方向形成了社会演化，诞生了社会水循环模式并且不断强化。随着人类控制能力的增强，水循环社会演化的影响范围越来越广，程度越来越深，正在直接或间接地改变城市水循环的面貌。总结起来，城市水循环的演变机制可分为两类：一类是渐变机制，这主要是指随着城市面积的增长、人口的增加、人类活动范围的扩大，用水量呈人口增长率的速度上升，是一个缓慢的过程；另一类是突变机制，主要指人类科技水平的提高，水资源新的使用功能或使用方式被发现，导致用水量急剧变化，伴随而来还有水质的剧烈变化。

1. 渐变机制

城市水循环的渐变机制是一个相对长期、平稳而缓慢的过程，渐变机制的效果需要通过较长时间才能凸显出来。其演化原理是通过漫长时间使微小的改变逐渐积累，产生明显的效果。在原始文明时代，城市以部落的形式存在，水循环的演化几乎取决于一个因子，也就是人口数量。在农业文明时期，水循环的演化取决于两个因子——人口和耕地面积，而耕地面积和人口又是密切相关的，因此农业文明时期，依然是渐变机制决定着水循环的演化。

2. 突变机制

在进入工业社会以后，尤其是城市化进入到高速发展的阶段，城市水循环系统变得异常复杂多样，用水范围不仅包括居民生活和农业，还涉及 50 多个工业门类的几乎所有生产企业和生态环境用水，其演化是渐变机制和突变机制共同作用的结果。

突变机制，顾名思义就是在短时间内使某种量发生剧烈变化的驱动机制。在城市水循环的演化进程中，能够促使其发生突变的驱动力主要有水资源的功能拓展、新的水源被开发、节水型新工艺等。

（1）水资源的功能拓展。在原始社会时期，人类主要使用水资源的生命支撑功能，即水主要是用来生活的；在农业文明时期，水资源的灌溉功能被认识，于是大量的水资源从河流、湖泊引入到农田灌溉；进入工业社会后，水的冷却、洗涤、化学催化等功能被发掘出来，水开始进入到工业生产的各个领域。随着工业规模的迅速扩大，工业用水量急剧增加，部分城市已超过了农业用水量。近年来，水资源的生态功能逐渐被重新认识，城市生态环境用水量也在不断增加。

（2）新的水源被开发。随着水资源的多种潜在功能逐步发掘，水的使用范围越来越广泛，城市经济社会用水量越来越大。在一些缺水地区，社会用水已经吸干了几乎所有的地表水资源。这时候虽然有强劲的用水需求，但无水源可供，城市水循环的演化受到水源的制约，国民经济和社会发展受到水资源短缺的瓶颈约束。这就促使一些地区为了自己的发展而寻找新的水源，例如浅层地下水的开发利用、海水的直接或间接使用，再生水回用等替代水源方式取代了水资源的消耗，带来了社会用水量的负向突变。

（3）节水型新工艺。随着科学技术的发展，高额的用水成本正被节水型新工艺化解。一些节水工艺对经济社会用水量具有革命性的影响。例如，火力发电中的直流冷却和空气冷却，其用水量相差 300～800 倍，采用空气冷却机组，用水量会大幅消减，造成负面突变效应。

3.3.2 城市水循环系统演化的驱动机制

由上述分析可以看出，城市水循环系统从模式上来讲由自然水循环和社会水循环两部分组成，自然水循环主要受势能和热能的驱动，由高能态向低能态流动，而占据主导地位的社会水循环有着其独特的驱动机制。

1. 内生动力

社会水循环主要反映了城市社会经济系统的用水过程，它演化的内生动力来自于用水需求，只有存在需求时才会构成社会水循环的路径并驱动其演化。与马斯洛需求层次理论相似，用水需求可分为以下 4 个层次：第一，满足人类生理需求的用水，主要包括人类的饮用、洗衣、烹饪以及洗澡等需求；第二，满足粮食安全保障要求下的农业灌溉用水需求；第三，满足城市经济发展的工业用水需求；第四，满足城市生态环境良性发展的生态用水需求，如图 3.4 所示。在这 4 个层次需求的驱动下，水资源由水源地向需水侧流动，推进城市水循环的演化。

2. 配给机制

配给机制作用于城市水循环的需求侧，主要反映为水资源配给的公平、效益和效率机制。水资源是城市社会经济系统不可分割的部分，公平主要表现为水资源配给过程中要兼

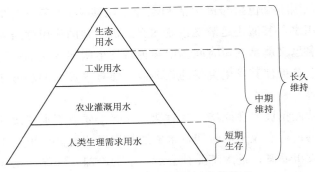

图 3.4 城市用水需求的层次化体系

顾水的重要性等级、社会公平与和谐；效益主要表现为经济效益低的部门发展受到约束，经济效益高的部门发展受到促进，用水量相对增加；效率主要表现为在城市水资源供需矛盾激化以及水环境承载能力有限的背景下，出于水资源保护的需求，水资源效率低下的部门用水量将受到约束，水资源将流向水资源效率较高的部分。

3. 约束机制

约束机制主要作用于城市水循环的供给侧。城市水循环系统的演化并非无节制的，要受到技术经济和环境成本的约束。也就是说城市水循环通路能否形成或能否健康发展，受到技术经济和环境成本的制约。经济约束主要表现在取水配水和污水治理成本；技术约束主要表现在技术可达性对用水效率的影响；环境成本约束主要表现为取水和排水对生态环境造成的负外部性影响。

可以看出，城市水循环驱动的配给机制和约束机制分别作用于水循环的需求侧和供给侧。只有存在供给和需求，城市水循环系统才能发展，城市水循环配给和约束机制如图3.5 所示。

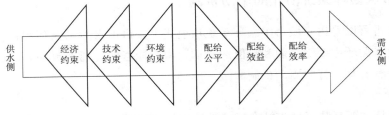

图 3.5　城市水循环配给和约束机制示意图

3.4　城市水循环系统健康发展内涵

3.4.1　城市水循环系统健康发展的概念

自然水循环健康最理想的状态是接近未受人类扰动前的状态，保持其自身运动规律的原始性和自然性。但对于城市来说，城市的出现就意味着水循环的过程必将受到城市化发展的影响，城市水循环已经与社会、经济以及环境等系统紧密耦合，形成了一个包含多元要素的复合系统，而人类作为改变水循环状态的主要因素已成为其不可分割的一部

34

分[132]。尤其是对于发展中国家来说，社会经济的发展不可能停滞不前，因此，使用水资源是不可避免的，只有通过一系列管理和技术手段提高水资源使用效率，从而很大程度上减少自然水体取水量，也就是增加了城市水环境系统的生态环境用水量，可以有助于维系和保持城市良好的水环境质量。同时通过增加污水深度处理，提高了排放水的水质，降低污染排放负荷，有利于维持自然水循环的良性运转。

结合综述中梳理的健康水循环概念以及本书对城市水循环内部耦合机理和演变规律的分析，本书认为城市水循环系统健康发展从模式上来讲指的是城市自然水循环和社会水循环的协调发展；从结构上来讲指的是城市水源系统、供水系统、用水系统、排水系统以及外部回用系统结构的完整和功能的完善。基于以上两点，界定了城市水循环系统健康发展的概念：城市水循环系统健康发展指的是在城市发展过程中，人类社会活动应该遵循水的自然运动规律，城市社会经济系统的发展对城市水循环系统结构和功能的影响以不扰动水的生态及社会服务功能为基本原则，实现水资源合理开发、高效地利用、减少污水排放，保证城市水的自然循环和社会循环协调发展，从而实现城市水资源系统、水环境系统和社会经济系统的可持续发展。可以看出，城市水循环系统健康发展和健康水循环所表述的侧重点有所不同。

由上述概念可以看出，城市水循环系统的健康发展涉及水循环过程的各个环节（水资源的输入、使用和输出），这与循环经济理论提出的"3R"原则相一致。减量化属于输入端方法，旨在减少进入生产和消费过程中物质和能源的流量，表现在水循环系统中即为合理的供水，人类不可以无限制地索取水资源；再利用属于过程性方法，目的是延长产品和服务的时间强度，表现在水循环系统中即为水资源的高效利用，通过水资源的重复利用减少对新鲜水量的需求；再循环属于输出端方法，要求物品完成使用功能后重新变成再生资源，表现在水循环系统中即为污水的深度处理后的再生回用。从表面上看，城市水循环系统的健康发展是指城市自然水循环系统和社会水循环系统的动态平衡，从实质上看，是指城市水资源、水环境和社会经济系统共同健康发展。

本书提出的城市水循环系统健康发展是一个模糊的概念，它所反映的是决策者对城市水循环系统结构和功能的认同程度。尽管理想中的健康状态是城市水循环的自然效应、经济效应、社会效应和环境效应达到最大化。但是由于矛盾存在的普遍性，要实现上述理想状态是不现实的。因此城市水循环系统的健康与否是相对的，对其量化评价也是一个模糊的目标。它既要考虑城市社会经济系统发展的用水需求，也需要将城市生态环境对污废水的承载考虑在内。没有前者，实现城市水循环系统的健康发展就没有意义；没有后者，城市社会、经济以及环境可持续发展将会受到很大阻碍。同时，城市处于不断发展变化的过程中，人口规模的增加、产业结构的调整、用水手段的改进以及用水意识的提高，使得城市水循环系统的健康发展状态存在明显的时段特征。因此，城市水循环系统的健康水平必然是随时空变化的，存在时间和空间上的差异。

3.4.2 城市水循环系统健康发展的目标

1. 发展持续性

在可持续理论的指导下，城市水循环系统健康发展的目标之一即为发展的持续性。所谓持续性指的是城市水循环系统发展的稳定性，主要表现在当其受到人类活动和经济发展等因素的影响时，系统内部的自我净化和恢复原有功能的能力。需要指出的是，城市水循环系统发展的持续性并不简单地包含水资源的可持续利用，同时还应包含城市社会经济和环境的共同持续发展。水资源的可持续利用是城市发展生产要素的保证；社会经济的持续发展为人们高效地利用水资源以及实现水资源的潜在价值提供经济技术保障；环境的持续发展是一切的基础，是人类的生存保障。因此，保证发展的持续性，促进城市水资源、社会、经济等系统良性发展和运转，是城市水循环系统健康发展的重要目标。

2. 发展协调性

城市水循环系统与城市的经济、社会处于协调状态是其走向有序的保证。但是城市水循环系统演化方向是多样性的，其内部子系统和外部环境之间的发展目标不尽相同，因此也会导致系统自身和外部影响因素之间发展的不协调。例如，社会经济系统（外部因素）需要更多的水资源以谋求发展，而水循环内部健康（内部因素）则要求有更多的水资源处于自然水循环过程中，两者的目标不同会导致系统发展的不协调。要解决这一问题，就必须充分考虑城市水循环系统健康发展所具有的多功能性、因素复杂性等特点，科学处理与之相关的子系统间的协调关系。

3. 发展效益性

获取效益是发展的最终目的，城市水循环系统健康发展的最终目标就是实现发展的效益性。效益性主要表现在两个方面：一是水资源在自然水循环过程中发挥其生态环境效益；二是水资源在社会水循环过程中发挥其社会经济效益。城市水循环系统健康发展的效益性是建立在发展的协调性基础上的。城市水循环各子系统之间协调发展时，它们彼此之间相互影响以促进城市水循环系统向着良性的方向发展，降低了由于不协调发展所带来的水资源浪费，进而增加了水资源的生态环境效益和社会经济效益。

3.4.3 城市水循环系统健康发展的条件

1. 外部条件

城市水循环系统在未达到理想状态之前，与外界不断进行着物质和能量的交换，处于非平衡状态，同时也是一个复杂的开放型系统。城市水循环系统健康发展就是在一系列外部条件的影响下，由非平衡状态达到有序状态的过程。这也满足一般耗散结构的基本特征，可以采用"熵"这一概念来描述城市水循环系统的规范程度。"熵"在物理学概念中用来反映系统的混乱程度，可以用符号 S 来表示，$S=S_1+S_2$。其中 S_1 表示系统外部因素对"熵"的贡献，S_2 表示系统内部因素对"熵"的贡献。在城市水循环这一开放系统中，系统外部的"熵值"可正可负，而根据"熵值"最小原则，系统内部"熵值"一般为正[133]。因此，当系统外部的"熵值"S_1 为负，且 S_1 的贡献大于 S_2 时，即城市水循环系统外部因素对其健康发展的促进作用大于内部因素的制约作用时（例如水资源保护、提高节水意识的外界影响能够抵消系统内部水资源的消耗、污水排放等负面影响），才可以保证系统总"熵"值为负，从而促使城市水循环系统向健康的方向发展；反之，系统的混乱程度增加将会制约城市水循环系统的健康发展。

2. 内部条件

城市水循环系统健康发展的内部条件指的是其内部各个环节的衔接紧密以及功能完善。一般来说，城市水循环系统内部的供用耗排以及回用等环节的协调发展，促使其由量变到质变的演化过程。内部协调程度越高，系统总体的规范性越强，有利于最大程度地发挥各个环节自身的功能和对系统总体的影响效果，实现城市水循环系统的健康发展。反之，系统内部各环节之间协调程度越低，彼此之间的独立性越强，使得各环节在发挥各自正常功能时忽略彼此之间的相互联系，容易出现系统组成要素之间发展目标相悖的情况，制约城市水循环系统的健康发展[134]。

第4章

城市水循环系统健康发展评价指标体系构建

为了确保城市水循环系统健康发展评价结果的准确性和真实性，不仅需要科学合理的评价模型，还需要构建系统的、可操作的评价指标体系。从现有的研究成果来看，指标的选择大多基于研究者对系统的主观判断，缺乏科学依据；指标体系的构建也难以反映指标之间的内在联系。因此，本章首先在城市水循环健康发展的内涵的基础上，提出了指标选择的实体-联系概念模型；其次基于PSR构建了城市水循环系统健康发展的评价指标体系；最后提出了可量化指标对系统影响趋势的集对分析模型。

4.1 城市水循环系统健康发展评价指标体系构建原则

城市水循环系统健康发展是城市水资源可持续利用的保障，其目标是实现发展的持续性、协调性和效益性。其评价指标涉及城市水资源、水环境以及社会经济等各个方面，涉及范围较广、种类较多，因此有必要对相关指标进行筛选。指标的选择必须达到3个目标：①所选取的评价指标需尽可能完整地反映城市的水循环状况；②所选取的评价指标需具有时间跨度，以便对不同时期的水循环状况进行对比分析，找出其变化原因；③所选取的评价指标需具有可调控性，以便为实现城市水资源合理配置及调控提供科学依据。

（1）基于以上目标，城市水循环系统健康发展的评价指标体系构建，需要在以下理论基础上展开：

1）系统耦合论。由上一章的分析可以看出，城市水循环系统涉及水资源、社会、经济、环境等组成要素，其自然水循环和社会水循环之间存在紧密的动态关系，只有从两者的耦合关系出发，根据各子系统的特征和彼此之间的相互联系，结合系统的整体目标和层次划分建立评价指标体系才能反映城市水循环的实际状况。

2）可持续发展理论。城市水循环系统健康发展的目标之一是实现城市水资源、社会经济以及环境发展的持续性，因此评价指标体系的构建须在城市水资源的可持续利用评价的基础上进行拓展。

（2）具体应该遵循以下原则：

1）系统性原则。城市水循环系统健康发展评价指标涉及社会生产和生活的各个环节，各评价指标之间需要具有逻辑性，从而能够综合地反映出水资源绿色效率系统中各子系统与投入产出要素的作用方式、方向、强度等，以及水资源系统治理的理念。另外，水资源绿色效率指标体系中每一个子系统均有一组完整的指标构成，共同组成一个完整的有机体。

2）科学性原则。城市水循环系统健康发展评价指标体系构建在兼顾系统性的前提下还必须以科学性为基础，遵循客观的经济高质量发展和生态文明的内在要求，真实地呈现城市水循环系统健康发展水平的演变过程。另外，城市水循环系统健康发展的评价指标不仅需要客观地反映水资源等生产要素的社会特征、经济特征及环境特征，而且还需要客观全面地反映出各要素之间的相互联系。

3）动态性原则。社会发展、经济发展与生态环境的发展之间的相互联系与互动发展是在动态中表现出来的，需要一定的时间跨度才能展示出来，并且影响城市水循环系统健康发展的因素也随着社会经济、用水结构的变化而发生变化。因此，构建城市水循环系统健康发展指标体系过程中必须考虑各因素之间的动态变化趋势，从而反映出城市水循环系统系统健康发展的动态特征。

4）综合性原则。城市水循环系统是由经济增长、社会发展、生态和谐等多种关联要素构成的综合体，各主体之间相互联系、相互交叉。为此需要从整体出发，综合平衡各要素，注重各要素的综合性分析，从而获得客观综合的评价结果。

5）独立性原则。指标选取的独立性原则指的是尽量避免指标在概念上和外延上的重复性，指标的选择并不是越多越好，重复性的指标对指标权重计算结果和综合评价结果均有一定的影响。因此就要求在选择城市水循环系统健康发展评价指标时，所选取的指标能够代表自己的独立性，彼此之间不能存在相互联系。

6）可操作性原则。在上述原则的基础上，构建的城市水循环系统健康发展评价指标体系还需要具有可行性，各指标数据要具有可获取性。评价指标过多过细或过少过简都可能导致评价出现偏差，过多过细的评价指标既烦琐又容易相互重叠，而过少过简的评价指标易导致信息疏漏，所以指标要具有典型性和可操作性。另外，在数据搜集和整理过程中也应该运用简明易懂的计算方法。

4.2 评价指标选择的方法

4.2.1 指标选择概念框架模型设计

由以上城市水循环系统健康发展的内涵和界定可以看出，它涉及水资源、水环境，以及社会经济3个子系统的问题，子系统之间以水资源为媒介存在着相互促进和制约的关系，决定了城市水循环系统的演化方向。而对城市水循环系统健康发展状态的评价，实质上反映了研究者对各相关子系统之间互相作用程度以及所呈现出的效果的科学认识。因此，指标的选择就成为了城市水循环系统评价工作的重要内容之一。就现阶段的研究成果来看，尽管所涉及的指标范围十分广泛，包含在水资源、水环境、社会经济范畴内，但是指标的选择大多基于研究者的主观判断，缺乏一定的科学依据。基于上述不足，本书提出了一种基于实体-联系（Entity-Relationship Approach）概念框架的指标选取模型（简称E-R模型）[135]。

E-R模型的主要思想是基于对客观事物普遍联系的认识：事物以实体的形式存在，

由于其本身属性和功能的多样性，事物之间存在着本能的吸引或排斥作用，由实体和实体之间的相互联系构成了整个现实世界。目前 E-R 模型已广泛地应用到了模糊信息和多属性决策领域[136,137]。

E-R 模型主要由"实体""联系"和"属性"3 个要素组成。其中，"实体"指的是现实世界中客观存在的、具有自身独特性质的事物。实体涵盖的范围很广，包含一切的具体和抽象事物。例如在本书中提到的：4 个具体事物（城市、水资源、水环境和社会经济）和 1 个抽象事物（水循环系统发展状态）。

"联系"指的是所选择的实体之间的普遍联系，具体到本书是用来描述城市、水资源、水环境、社会经济和水循环系统发展状态之间的相互作用关系。E-R 模型中给出的联系分为以下 3 种：

（1）一对一联系（1∶1）：一对一联系指的是宏观层面的联系，例如一个特定的研究区域对应特定的水循环系统发展状况。

（2）一对多联系（1∶N）：一对多联系指的是中观层面的联系，例如城市水循环系统发展状况不仅受到城市水资源、水环境和社会经济发展状况的影响，同时也受到上述 3 个实体之间相互关系的影响。

（3）多对多联系（M∶N）：多对多联系指的是微观层面的联系，例如城市水循环子系统中的主要关系有水资源-社会经济关系、水资源-水环境关系，水环境-社会经济关系。其中水资源-社会经济关系主要对应于水资源占有量、用水水平、用水比例 3 个维度；水资源-水环境关系主要对应于水资源开发程度和水资源污染两个维度；水环境-社会经济关系主要对应于污水处理效率、环境保护两个维度。

"属性"是判定实体之间协调或健康程度的度量，与选取的评价指标值或综合评价值类似。

本书考虑微观层面的"联系"，进而构建城市水循环系统健康发展评价指标的概念框架。把水资源、水环境和社会经济 3 个层面的相关要素作为 E-R 模型中的实体，3 个层面之间的相互关系看作 E-R 模型中的联系。而剩余的要素——属性用城市水循环系统健康发展的评价指标值来反映，并不出现在概念框架之中，具体可见图 4.1。

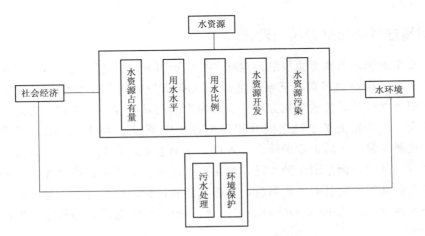

图 4.1 城市水循环系统健康发展评价指标概念框架

4.2.2 指标的选择

按照图 4.1 中的指标概念框架进行指标选择，主要分为实体指标和联系指标两个部分。

1. 实体指标

在实体指标的选择过程中，水资源以及水环境子系统可选用能够反映两者自然状态的典型指标，社会经济子系统中则选用能够代表城市社会经济发展状态的典型指标。

（1）水资源子系统。水资源子系统实体指标主要以水量指标来反映，根据水资源概念，按照类型不同，城市水资源主要包括降雨量、地表水、土壤水以及地下水，4 种类型的水资源存在相互转化的过程。在本书研究中，考虑到土壤水数据难以获得，并未将其列入指标范围内。因此，水资源子系统的实体指标主要包括：年径流深，产水系数，地下水资源模数。其中，年径流深反映了地表水量状态，产水系数反映了水资源总量和降雨量状态，地下水资源模数反映了地下水量状态。

（2）社会经济子系统。社会经济子系统的实体指标选用目前使用较为广泛且能反映城市化发展特点的指标，本书选取的指标主要包括：人口密度，人口自然增长率，经济增长率，第三产业产值占 GDP 比重。其中，以人口密度和人口自然增长率反映城市社会发展状态；以经济增长率和第三产业产值占 GDP 比重反映城市经济发展状态。

（3）水环境子系统。水环境子系统中主要考虑与维持城市水环境涵养有着紧密联系的气候以及绿化状况。以干旱指数反映城市气候变化对水环境的影响；以绿地覆盖率反映城市绿化状况对水环境的影响。因此，环境实体指标选用：干旱指数，绿地覆盖率。

综合来看，实体指标的设计和计算见表 4.1。

表 4.1　　　　　　　　　　实体指标的设计和计算

维　度	评　价　指　标	计　算
水资源	年径流深	地表径流量/评价区域
	产水系数	城市水资源总量/降雨量
	地下水资源模数	城市地下水量/评价区域
社会经济	人口密度	城市人口总量/评价区域
	人口自然增长率	人口出生率－人口死亡率
	经济增长率	（本期 GDP－上期 GDP）/上期 GDP
	第三产业产值占 GDP 比重	第三产业 GDP/总 GDP
水环境	干旱指数	年蒸发能力/年降雨量
	绿地覆盖率	城市绿化面积/城市总面积

2. 联系指标

（1）水资源-社会经济关系指标。理想中的健康水循环，水资源系统和社会经济系统保持独立。但本书的理解与之不同，城市水循环系统势必离不开社会经济系统的影响。只不过是随着城市社会经济发展程度的不同，人们对于水资源开发程度、利用手段以及保护意识逐渐发生改变。实际上，杜湘红[138]曾指出，水资源和社会经济之间的联系将会越来越紧密。

水资源子系统和社会经济子系统之间的作用表现主要有两个方面：一方面是水资源会对社会经济进行用水量的供给，表现为城市居民生活供水量和工业供水量。当供水量能够满足社会经济发展的需求时，两者之间健康发展；当供水量不能满足社会经济发展的需求时，会限制社会经济的发展，主要体现在水资源的稀缺性对城市发展的限制。另一方面是社会经济系统的发展对水资源提出需求，表现为城市居民生活需水量和工业需水量。当需水量超过水资源的承载能力之内时，两者间健康运行，当超出承载能力时，会造成水资源的过度开发。水资源子系统和社会经济子系统之间的健康发展主要反映在水资源的供需平衡上。由图 4.1 可知，水资源-社会经济关系指标主要包括以下几方面：

1）水资源占有量。水资源占有量是用来描述城市水资源丰富程度的指标，与人口联系起来即表现为人均水资源占有量，主要包括人均地表水资源占有量和人均地下水资源占有量。由于水资源总量、地表水资源量和地下水资源量之间存在等式关系，本书仅选择人均水资源占有量作为该维度的评价指标。

2）用水水平。根据城市用水主体的不同，用水水平可分为国民经济综合用水水平、工业用水和生活用水水平。以单位 GDP 用水量、用水弹性系数、人均综合用水量反映国民经济发展总体用水水平；以万元工业产值用水量反映工业用水水平。因此，用水水平关系指标选用：单位 GDP 用水量、用水弹性系数、人均综合用水量、万元工业产值用水量、工业用水重复利用率。

用水水平实际上反映了城市社会经济系统的用水效率。单位 GDP 用水量是指城市用水总量和地区生产总值的比值；用水弹性系数是指城市同期用水增长率和地区生产总值增长率的比值；人均综合用水量是指城市年综合用水量和总人口的比值；万元工业产值用水量指的是城市工业用水总量和工业产值的比值；工业用水重复利用率指的是工业重复用水量和工业总用水量的比值。

3）用水比例。用水比例选用工业用水比例，生活用水比例，生态环境用水比例指标选定。

用水比例实际上反映了城市社会经济系统的用水结构。用水比例用工业、生活或生态用水量和城市用水总量的比值来确定。

水资源-社会经济关系中的指标设计和计算见表 4.2。

表 4.2　　　　　水资源-社会经济关系中的指标设计和计算

维　　度	评　价　指　标	计　　算
水资源占有量	人均总水资源占有量	城市水资源总量/城市人口
用水水平	单位 GDP 用水量	城市总用水量/城市 GDP
	用水弹性系数	城市同期用水增长率/GDP 增长率
	人均综合用水量	城市总用水量/城市人口
	万元工业产值用水量	城市工业用水量/工业总产值
	工业用水重复利用率	工业重复用水量/工业用水总量
用水比例	工业用水比例	城市工业用水量/城市用水总量
	生活用水比例	城市生活用水量/城市用水总量
	生态环境用水比例	生态环境用水量/城市用水总量

（2）水资源-水环境关系指标。水资源和水环境两个子系统构成了净水和污水的流转过程，主要反映为水环境对水资源取用和污水净化的承载。从水资源开发利用角度，若是城市水资源开发利用程度合理，地表水以及地下水补给量能够满足用水量需求，则城市水环境的各项服务功能可以自主恢复，实现水资源的永续利用。反之若是城市水资源开发利用程度不合理，容易破坏水环境的自主恢复能力，从而造成河流湖泊干涸、地下水补给量减少等严重的环境问题。从污净水流转角度，净水资源为水环境子系统的健康发展提供物质保障，提高水环境系统自我净化能力，当污水量超过水环境子系统的承载能力时，会造成水质恶化等水污染问题。由图4.1可知，水资源-水环境关系指标主要包括以下几方面：

1）水资源开发程度。本书选取水资源开发利用率、地表水控制利用率、地下水利用程度3个指标来反映城市水资源开发程度。

水资源开发利用程度实际上反映了水资源数量的变化。水资源开发利用率是指城市水资源开发利用量和水资源总量的比值；地表水控制利用率是指地表水源供水量和地表水总量的比值；地下水利用程度是指城市地下水实际开采量和可开采量的比值。

2）水污染程度。本书主要通过地表水水质以及污染物含量指标来反映城市水体污染程度，即：污径比，城市饮用水水源地合格率，污染河流长度比例，河流总氮浓度和河流总磷浓度。

水污染程度实际上反映了水资源质量的变化。污径比是指污水排放量和地表径流量的比值；城市饮用水源地合格率是指饮用水水源地水质达标量和总水量的比值；污染河流长度比例是指水质为Ⅳ、Ⅴ类和超Ⅴ类河长和河流综合评价长度的比值；河流总氮浓度和河流总磷浓度一般由城市环境状况公报获得。

水资源-水环境关系中的指标设计和计算见表4.3。

表4.3　　　　　　　　　水资源-水环境关系中的指标设计和计算

维　度	评价指标	计　算
水资源开发程度	水资源开发利用率	城市水资源开发利用量/水资源总量
	地表水控制利用率	地表水源供水量/城市地表水资源总量
	地下水利用程度	城市地下水实际开采量/可开采量
水污染程度	污径比	污水排放量/地表径流量
	城市饮用水水源地合格率	饮用水水源地水质达标量/总水量
	污染河流长度比例	水质为Ⅳ、Ⅴ类和超Ⅴ类河长/河流综合评价长度
	河流总氮浓度	一般由城市环境状况公报获得
	河流总磷浓度	一般由城市环境状况公报获得

（3）水环境-社会经济关系指标。水环境-社会经济关系可以表现为水环境为城市社会经济发展提供必要的环境基础以及城市社会经济发展对水环境的改造。水环境子系统和社会经济子系统之间的作用表现主要有两个方面：一个是城市生活污水和工业废水排放合理时，二者之间健康运转；另一个是当城市生活污水和工业废水的排放量超过水环境子系统

的自我净化能力时，会造成水环境的退化，即水质污染现象。另外，水环境质量同样会影响社会经济的发展。当水环境质量能够满足城市生产生活的要求时，二者之间健康发展；当水环境质量不满足城市生产生活的要求时，会制约城市社会经济的发展。由图 4.1 可知，水环境-社会经济关系指标主要包括以下几方面：

1）污水处理水平。污水处理水平用城市污水处理率、工业废水排放达标率来反映。

污水处理率实际上反映了社会经济系统对水环境的技术响应。城市污水处理率是指经过处理排出的城市污水量和城市污水排放总量的比值；工业废水排放达标率是指处理达标的工业废水量和经过处理排出的工业废水量的比值。

2）环境保护。环境保护主要表现为社会经济系统水资源管理和保护的资金投入，以水资源管理投资占 GDP 比例、环境保护投资占 GDP 比例来反映。

环境保护实际上反映了社会经济系统对水环境的资金响应。水资源管理投资占 GDP 比例是指水资源管理投资和城市生产总值的比值；环境保护投资占 GDP 比例是指环境保护投资和城市生产总值的比值。

水环境-社会经济关系中的指标设计和计算见表 4.4。

表 4.4   水环境-社会经济关系中的指标设计和计算

维　　度	评 价 指 标	计　　算
污水处理水平	城市污水处理率	处理排出的城市污水量/城市污水排放总量
	工业废水排放达标率	处理达标的工业废水量/经过处理排出的工业废水量
环境保护	水资源管理投资占 GDP 比例	水资源管理投资/城市 GDP
	环境保护投资占 GDP 比例	环境保护投资/城市 GDP

4.3　评价指标体系构建

4.3.1　压力-状态-响应（PSR）框架模型

压力（Pressure）-状态（State）-响应（Response）模型，可简称为 PSR 模型，是 20 世纪 80 年代由联合国经济合作和开发组织与联合国环境规划署共同提出的[139-141]。该模型反映了系统各准则层之间的因果关系，准确地表述了系统产生压力的原因，受到压力后所展现的状态以及为缓解压力所采取的措施，从而将系统的评价指标有机地结合起来形成一套科学的评价指标体系[142]。PSR 模型将影响城市水循环系统健康发展的指标归属为压力、状态、响应 3 个层面。认为城市用水活动与外部环境之间存在相互作用的关系，主要表现为城市用水主体从水环境中获取水资源，经过用水主体的使用及消耗后将污废水排入水环境，从而改变了水资源的数量和质量，这种改变又反过来影响城市的可供水量。如此循环往复，形成了城市水循环系统内部结构之间的"压力-状态-响应"关系。

城市社会经济系统进行生活生产，给水资源系统带来压力。主要表现为经济和人口的增长加大了对水资源的需求和消耗，需要有更多的水资源为城市生产生活提供必需的自然资源要素，从而造成地表水和地下水的过度开采，给水资源带来数量上的压力。水资源进入到社会水循环以后，连同其他要素的投入进行生产生活活动，进而产出一系列工业废弃物以及生活污水，给水资源带来质量上的压力。

另外，城市水资源系统也会对社会经济系统进行反馈。水资源系统的反馈主要表现为水资源数量的短缺会造成供水量不足，对于城市居民和工业企业来说，供水量不足或供水成本的增加会阻碍社会经济的发展；水环境系统的反馈主要表现为水资源质量的恶化，一方面，影响人类自身健康；另一方面，工业生产环节对水质有不同的要求，污染的水会限制工业系统进行生产作业。

当城市水循环系统出现上述恶性反馈时，城市自然水循环和社会水循环之间的动态平衡被打破，社会经济系统会采取一系列响应措施来改善这种状况。从城市用水主体的视角来看，城市居民通过提高节水意识、创新节水器具、减少含磷洗涤剂的使用来减轻水资源数量和质量的压力；城市工业企业最有效的做法是提高水的重复利用效率来减少新鲜水量的取用和污水的排放。从政府视角来看，可以通过调整产业结构，加大水资源保护资金投入来缓解水资源系统和水环境系统的压力。城市水循环系统健康发展评价 PSR 模型框架如图 4.2 所示。

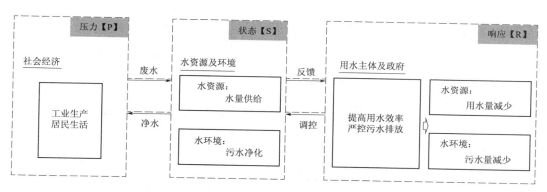

图 4.2　城市水循环系统健康发展评价 PSR 模型框架

4.3.2　评价指标体系的构建

根据 4.2 节中指标的选择和城市水循环系统健康发展评价 PSR 模型框架，我们认为城市水循环系统健康发展的压力指标为：干旱指数、人口密度、人口自然增长率、单位 GDP 用水量、用水弹性系数、人均综合用水量、万元工业增加值用水量、万元工业产值废水量、污径比、工业用水比例、生活用水比例；状态指标为：年径流深、产水系数、地下水资源模数、经济增长率、人均水资源占有量、水资源开发利用率、地下水利用程度、城市饮用水水源地水质达标率、污染河流长度比例、水功能区水质达标率、河流总氮浓度（C22）、河流总磷浓度（C23）；响应指标为：绿地覆盖率、第三产业产值占 GDP 比重、工业重复用水率、生态用水比例、城市污水处理率、工业废水排放达标率、水资源管理投资占 GDP 比例、环境保护投资占 GDP 比例。由此初步构建城市水循环系统健康发展评价指标体系，见表 4.5。

表 4.5		城市水循环系统健康发展评价指标体系	
准则层	指 标 层	单 位	指标性质
压力（B1）	干旱指数（C1）		逆
	人口密度（C2）	人/km²	逆
	人口自然增长率（C3）	%	逆
	单位 GDP 用水量（C4）	m³×10⁻⁴	逆
	用水弹性系数（C5）		逆
	人均综合用水量（C6）	m³/人	逆
	万元工业增加值用水量（C7）	m³/(10⁴元)	逆
	万元工业产值废水量（C8）	t/(10⁴元)	逆
	污径比（C9）	%	逆
	工业用水比例（C10）	%	逆
	生活用水比例（C11）	%	逆
状态（B2）	年径流深（C12）	mm	正
	产水系数（C13）		正
	地下水资源模数（C14）	10⁴m³/km²	正
	经济增长率（C15）	%	正
	人均水资源占有量（C16）	m³/人	正
	水资源开发利用率（C17）	%	逆
	地下水利用程度（C18）	%	逆
	城市饮用水水源地水质达标率（C19）	%	正
	污染河流长度比例（C20）	%	逆
	水功能区水质达标率（C21）	%	正
	河流总氮浓度（C22）	mg/L	逆
	河流总磷浓度（C23）	mg/L	逆
响应（B3）	绿地覆盖率（C24）	%	正
	第三产业产值占 GDP 比重（C25）	%	正
	工业重复用水率（C26）	%	正
	生态用水比例（C27）	%	正
	城市污水处理率（C28）	%	正
	工业废水排放达标率（C29）	·%	正
	水资源管理投资占 GDP 比例（C30）	%	正
	环境保护投资占 GDP 比例（C31）	%	正

4.4 基于 SPA 原理的评价指标分析

4.4.1 SPA 基本原理

集对势是集对分析原理中的一个重要概念。集对分析（set pair analysis）来源于不确定性研究，不确定是客观存在的，而不确定性又是相对于确定性而言的。世间万物都是确定性与不确定性的统一体，从系统角度来看，确定性与不确定性是一个复杂系统。集对分析方法在分析问题时，是把确定性与不确定性作为一个相互联系、相互制约、相互渗透，在一定条件下又相互转化的确定性与不确定性系统来处理。前者体现了"对立统一规律"哲学思想，后者体现了"普遍联系原理"哲学思想，因此，集对分析是一种具有坚实哲学基础的不确定性分析方法。

1. 联系度

集对（set pair）是指由一定联系的两个集合所组成的对子，是两个集合组成的一个基本单元。假设具有一定联系的两个集合分别用 A 和 B 表示，则 A 和 B 就构成了一个集对，一般可表示为 $H(A,B)$。在本书中，两个集合分别表示水循环系统健康发展评价指标集合 A 和指标标准阈值集合 B。集对分析的核心思想是将确定不确定系统的两个有关联的集合构造成为集对，通过对集对特性同一性、差异性、对立性的分析，得到同一度（a）、差异度（b）和对立度（c），建立集对的同、异、反关系，并提出联系数来反映集对的关系[143,144]。联系数的表达式为

$$u = a + bI + cJ \tag{4.1}$$

式中：$a=S/N$，$b=F/N$，$c=P/N$，N 为集合 A 和 B 所有的特性，S 为集合 A 和 B 共有的特性，P 为集合 A 和 B 对立的特性，其中 $F=N-S-P$ 个特性，两个集合既不共同具有也不相互对立；I 为差异度系数，取值区间为 $[-1,1]$，有时仅起到差异标记的作用；J 为对立度系数，取值规定为 -1，有时仅起到对立度标记的作用。

式（4.1）所反映的联系数表达式 $u=a+bI+cJ$ 是建立在对描述对象作"同、异、反"划分的基础上，所以又称为同异反联系数或三元联系数。而在实际问题的研究中，仅对描述对象所处的状态空间作"一分为三"的划分是不够细化的。为此，根据集对分析的层次理论，可以把式（4.1）作不同层次的扩展，如图 4.3 所示。

图 4.3 表明：第一层关系即为传统的"同、异、反"关系，可用联系数的基本表达式 $u=a+bI+cJ$，即式（4.1）表示；第二层将"差异"关系进一步细化为"偏同差异""中差异"和"偏反差异"，可用五元联系数表示，即

$$u = a_1 + b_1 I_1 + b_2 I_2 + b_3 I_3 + cJ \tag{4.2}$$

第三层将第二层关系中的"同一""偏同差异""偏反差异"和"对立"进一步作"同、异、反"划分。如将"同一"按一定比例分配给"a_1""a_2"和"$b_1 I_1$"；将"偏同差异"按一定比例分配给"a_2""$b_1 I_1$"和"$b_2 I_2$"等，以解决度量规则粒度过大的问题。

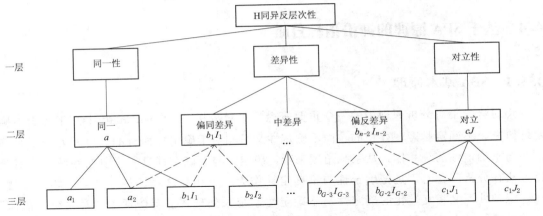

图 4.3 同异反层次结构

2. "同异反层次法"联系数

按照图 4.3 第三层级对"同异反"关系的划分，建立"同异反层次法"联系数表达式

$$u=a_1+a_2+b_1I_1+b_2I_2+\cdots+b_{G-2}I_{G-2}+c_1J_1+c_2J_2 \qquad (4.3)$$

式中：G 为评价指标等级数，取 $G=5$，式（4.2）可表示为

$$u=a_1+a_2+b_1I_1+b_2I_2+b_3I_3+c_1J_1+c_2J_2 \qquad (4.4)$$

且满足

$$a_1+a_2+b_1+b_2+b_3+c_1+c_2=1 \qquad (4.5)$$

根据评价指标样本值 x_{ij} 与评价标准阈值 s_{kj} 的大小关系，可进一步对式（4.4）进行展开；展开过程中，同一度、差异度和对立度的分配原则如下：所属等级分配 1/2，相邻等级按"属性识别"原则分配其余 1/2，则"同异反层次法"联系数可展开为

$$u_{ij}=\begin{cases} \dfrac{x_{ij}-s_{1j}}{2(s_{0j}-s_{1j})}+0.5+\dfrac{s_{0j}-x_{ij}}{2(s_{0j}-s_{1j})}I_1+0I_2+0I_3+0J_1+0J_2 & (x_{ij}\in \text{I 级}) \\[3mm] 0+\dfrac{x_{ij}-s_{2j}}{2(s_{1j}-s_{2j})}+0.5I_1+\dfrac{s_{1j}-x_{ij}}{2(s_{1j}-s_{2j})}I_2+0I_3+0J_1+0J_2 & (x_{ij}\in \text{II 级}) \\[3mm] 0+0+\dfrac{x_{ij}-s_{3j}}{2(s_{2j}-s_{3j})}I_1+0.5I_2+\dfrac{s_{2j}-x_{ij}}{2(s_{2j}-s_{3j})}I_3+0J_1+0J_2 & (x_{ij}\in \text{III 级}) \\[3mm] 0+0+0I_1+\dfrac{x_{ij}-s_{4j}}{2(s_{3j}-s_{4j})}I_2+0.5I_3+\dfrac{s_{3j}-x_{ij}}{2(s_{3j}-s_{4j})}J_1+0J_2 & (x_{ij}\in \text{IV 级}) \\[3mm] 0+0+0I_1+0I_2+\dfrac{x_{ij}-s_{5j}}{2(s_{4j}-s_{5j})}I_3+0.5J_1+\dfrac{s_{4j}-x_{ij}}{2(s_{4j}-s_{5j})}J_2 & (x_{ij}\in \text{V 级}) \end{cases} \qquad (4.6)$$

式中：$x_{ij}(i=1,2,\cdots,n;j=1,2,\cdots,m)$ 为样本 i 指标 j 的样本值；$s_{kj}(k=0,1,2,3,4,5)$ 为第 j 个评价指标相应等级指标标准的左右阈值。当指标样本值落入指标标准阈值之外时，联系数可由以下两个公式展开。

对于正向指标：

$$u_{ij}=\begin{cases} 0+0+0I_1+0I_2+0I_3+0.5J_1+0.5J_2 & x_{ij}<s_{0j} \\ 0.5+0.5+0I_1+0I_2+0I_3+0J_1+0J_2 & x_{ij}>s_{5j} \end{cases} \qquad (4.7)$$

对于逆向指标：

48

$$u_{ij}=\begin{cases}0.5+0.5+0I_1+0I_2+0I_3+0J_1+0J_2 & x_{ij}<s_{0j}\\0+0+0I_1+0I_2+0I_3+0.5J_1+0.5J_2 & x_{ij}>s_{5j}\end{cases} \tag{4.8}$$

4.4.2 集对指数势计算模型

1. 集对势

在式 (4.1) 中，联系分量 a，b，c 分别反映了城市水循环系统健康发展评价指标集合 A 和指标标准阈值集合 B 的同、异、反联系程度，其大小差别反映了两个集合之间的联系趋势，可以将其定义为集对势。设集对势为 shi(H)，当 c 不等于 0 时，其表达式为

$$\text{shi}(H)=\frac{a}{c} \tag{4.9}$$

根据集对势 shi(H) 值的大小，可将其划分为集对同势、集对均势和集对反势：

（1）集对同势：shi(H)＞1，说明集合 A 和 B 之间存在同一趋势。

（2）集对均势：shi(H)＝1，说明集合 A 和 B 之间的联系处于稳定状态。

（3）集对反势：shi(H)＜1，说明集合 A 和 B 之间存在对立趋势。

当联系分量 c 为 0 时，shi(H)→∞，集对无穷大势可看作是集对同势的一种极限情况。

2. 集对指数势

为了避免传统集对势中 $c\neq0$ 必要条件的限制，我们借鉴潘争伟等[145]的做法，利用指数函数改进传统的集对势，改用集对指数势的概念，其表达式为

$$\text{shi}(H)_e=e\sum_a-\sum_c \tag{4.10}$$

式中：$\sum_a$ 和 $\sum_c$ 分别为联系数表达式中同一项和对立项的合并。同样的，我们可以用集对指数势 shi(H)$_e$ 值的大小来反映联系数的同异反联系趋势，且集对指数势与差异度 b 的取值有关，随着其值的变小，集对指数态势逐渐增强。

（1）若 shi(H)$_e$＞1，说明评价指标值和评价标准阈值之间的集对指数态势为同势。在此基础上可结合差异度 b 的取值对其进行细化，本书采取潘争伟等[145]的做法，取 $b=0$ 和黄金分割点 $b=0.618$ 将其分为准同势、强同势、弱同势和微同势。

（2）若 shi(H)$_e$＝1，说明评价指标值和评价标准阈值之间在同异反联系中同一势和对立势趋于相同；同样结合差异度 b 的取值对其进行细化，将其分为准均势、强均势、弱均势和微均势。

（3）若 shi(H)$_e$＜1，说明评价指标值和评价标准阈值之间存在对立趋势，同样结合差异度 b 的取值对其进行细化，将其分为准反势、强反势、弱反势和微反势。

根据以上分析，集对指数势的态势见表 4.6。

表 4.6　　集 对 指 数 势 态 势 表

序 列	集对指数势	差异度	集 对 指 数 势 态 势	
1		$b=0$	准同势	
2	$\text{shi}(H)_e=e\sum_a-\sum_c>1$	$b<0.618$	强同势	同势
3		$b=0.618$	弱同势	
4		$b>0.618$	微同势	

序 列	集对指数势	差异度	集对指数势态势	
5		$b=0$	准均势	
6	$shi(H)_e=e\sum_a-\sum_c=1$	$b<0.618$	强均势	均势
7		$b=0.618$	弱均势	
8		$b>0.618$	微均势	
9		$b=0$	准反势	
10	$shi(H)_e=e\sum_a-\sum_c<1$	$b<0.618$	强反势	反势
11		$b=0.618$	弱反势	
12		$b>0.618$	微反势	

根据集对指数势的大小反映同异反联系趋势的这一特性，可建立城市水循环系统健康发展系统评价指标对系统作用趋势的联系，利用集对指数势对评价指标进行分析。当城市水循环系统健康发展影响因子指标的集对指数势为"同势"时，即该指标有"趋同"发展的趋势，表明该指标对城市水循环系统的影响程度呈减弱趋势，也就是说该指标的健康程度较高，继续改善该指标状况难以对系统整体健康水平的改善起到促进作用；当集对指数势为"均势"时，表明该指标对城市水循环系统健康发展的影响强弱趋势不明显，也就是说该指标的健康程度一般，继续改善该指标状况能够在一定程度上对系统整体健康水平的改善起到促进作用；当水循环影响因子指标的集对指数势为"反势"时，即该指标有"对立"发展的趋势，表明该指标对城市水循环系统的影响程度呈增强趋势，也就是说该指标的健康程度较低，改善该指标状况能够在很大程度上对系统整体健康水平的改善起到促进作用。

因此，认为集对指数势为"反势"的指标为对城市水循环系统的健康发展起到主要作用，根据差异度 b 的大小可对其评价指标的重要性作进一步分析。

第 5 章

城市水循环系统健康发展评价模型研究

由前一章的分析可知，城市水循环系统的健康发展受到水资源、水环境、社会经济系统内众多因素的影响。此外，健康是一个模糊的概念，水循环系统健康发展取决于人类的需求和特定水系的特征，评价结果不能简单地用是或否来回答。因此，选择合理的评价模型对于城市水循环系统健康发展评价的真实性和有效性尤为重要。本章基于等级评价方法，构建了城市水循环系统健康发展的可变模糊集模型，在确定健康等级分类标准的情况下，来判定样本对各级别的归属。

5.1 模型构建思路

目前，针对水资源系统评价的方法有很多，根据是否使用数学模型可分为定性与定量评价方法。定性评价主要是根据决策者的经验和对系统的状态的认识，直接给出评价结果。定性评价的优点在于评价过程简单，能充分结合评价者对系统的主观认识。但缺点也较为明显，即评价结果较为笼统，很难得到较为精确的评价等级。定量评价是采用数学模型的方法，通过评价指标数据，得出综合评价值。根据系统评价理论，城市水循环系统健康发展评价模型构建的基本思路为：

（1）评价指标权重的确定。指标的权重确定是评价工作中的重要环节，权重的设计会直接影响到评价结果的可信度。权重是一个相对的概念，针对指标体系中的某一指标来说，其权重指的是该指标在整体评价中的相对重要程度。为了避免指标赋权的主观随意性，又能结合专家的知识和经验以及决策者的意见，本书采用主客观权重相结合的方法来确定评价指标的综合权重。

（2）评价模型的构建。由前文的分析可以知道，现实的城市水循环系统处于不断地演化过程中，与外界环境之间的物质和能量交换十分频繁。因而也导致了影响城市水循环系统健康发展因素的多样性，涉及城市水资源禀赋、社会经济发展、水环境状况等各个方面。再加上因素之间的联系比较复杂，导致了它们对系统发展的影响具有模糊性和不确定性。为此，人们开始用系统分析的方法来解决水资源系统中的模糊性问题。其中较为常用的方法是模糊数学方法，由于经典模糊理论中的基础概念——隶属函数，是基于特征函数的概念演化而来的，本身存在着绝对化的理论缺陷。同时，由于传统模糊统计试验用"非此即彼"的频率计算公式，去确定表征"亦此亦彼性"的隶属度，并对隶属度作出稳定性论证，在理论上存在着相悖的缺点[146,147]。经典模糊理论中的隶属度的概念和计算存在的这些局限，会影响评价结果的科学性与客观性。因此，本书构建了可变模糊集模型对城市水循环系统健康发展状况进行评价。

（3）评价指标标准阈值的确定。可变模糊集是一种典型的等级评价方法，需要确定科学的评价指标标准阈值对样本进行合理的评价。通常评价指标的标准阈值为指标状态提供了一个重要的参考标准，尤其是多层级的标准阈值，对于细化评价结果具有重要意义。因此，本书基于基数选择法和文献法确定城市水循环系统健康发展评价的 5 级标准阈值。

5.2 评价指标权重确定

5.2.1 层次分析法（AHP）

主观权重往往表示评价指标之间的相对重要程度，此重要程度应该是一个固定值。常用的主观权重方法有专家调查法（delphi 法）、层次分析法、二项系数法、环比评分法等。其中用途最广泛的为层次分析法[148-150]。

层次分析法（The Analytic Hierarchy Process，AHP）由美国著名运筹学家 T. L. Saaty 教授于 19 世纪 70 年代提出，该方法运用层次化思维，将复杂系统分解为多个层次，简化了计算过程，更有助于保持评价过程的一致性，比较适合处理多目标和多准则的系统评价，且对指标数据要求不高。正是由于它在处理复杂问题上的实用性和有效性，目前层次分析法在区域生态环境评价、水资源可持续评价、自然资源的合理利用和分配等领域已有了广泛的研究。层次分析法的基本过程可以分为以下 4 个步骤。

1. 建立层次结构模型

运用 AHP 方法确定权重时，首先要对系统类型有一个明确的概念，对该问题所涉及的各类指标及指标之间的相互关系有个清晰的认识。其次将问题层次化，即将问题分为 3 个层次：第一层为目标层，明确问题所要解决的目标，本章目标即为城市水循环系统健康发展评价（A）；第二层为准则层，即将目标细化为各个相关指标的二级指标，本章在 PSR 框架模型下构建的指标体系，因此二级指标分别为压力（B_1）、状态（B_2）和响应（B_3）；第三层为指标层，是在准则层下的进一步细化，即为各评价指标。需要注意的是，当某一层次所包含的因素较多时（一般超过 9 个），需要将该层次进一步细化为若干个层次。具体层次分析结构模型如图 5.1 所示。

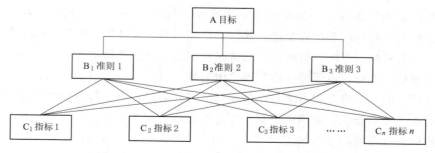

图 5.1 层次分析结构模型图

2. 构造两两比较判断矩阵

在构建了层次分析结构模型以后，目标层、准则层和指标层的相对隶属关系得到了确定。从层次分析结构模型的第二层开始，分别针对上一层的每个要素，用两两比较法对每个指标的相对重要程度进行判断。这一过程为判断矩阵的构建，如式（5.1）所示。

$$P = \begin{bmatrix} a_{11} & a_{12} & \cdots & a_{1j} \\ a_{21} & a_{22} & \cdots & a_{21} \\ \vdots & \vdots & \ddots & \vdots \\ a_{i1} & a_{i2} & \cdots & a_{ij} \end{bmatrix} \tag{5.1}$$

式中：$a_{ij} > 0$，$a_{ij} = \dfrac{1}{a_{ji}}$，$(i \neq j)$，$a_{ij} = 1$，$(i = j)$，$(i, j = 1, 2, \cdots, n)$，$a_{ij}$ 为因素 i 相对于因素 j 的重要程度，其值可以用数字 1～9 及其倒数表示，详见表 5.1。

表 5.1　　　　　　　　　　　　标 度 数 字 含 义

a_{ij} 取值	含义	a_{ij} 取值	含义
1	因素 i 与 j 同样重要	7	因素 i 比 j 非常重要
3	因素 i 比 j 略重要	9	因素 i 比 j 极其重要
5	因素 i 比 j 明显重要	2，4，6，8，	表示上述判断的中间值

3. 层次单排序及其一致性检验

计算判断矩阵 P 的最大特征根 $\lambda_{\max}$ 及对应的特征向量，然后对特征向量归一化，所得向量即是权重向量，可记为 W。W 的权重值为同一层次因素相对于上一层次因素相对重要性的排序权值，这一过程称为层次单排序。对于判断矩阵 P，完全一致的情况是不可能出现的。因而需要在层次单排序的基础上对其进行一致性检验。定义一致性指标为

$$CI = \frac{\lambda_{\max} - n}{n - 1} \tag{5.2}$$

当 $CI = 0$ 时，为理想状态；CI 的值越小，权重计算结果的可信度越高，为了计算 CI 值的大小，我们引入平均随机一致性指标 RI

$$RI = \frac{CI_1 + CI_2 + \cdots + CI_n}{n} \tag{5.3}$$

可以看出，随机一致性指标 RI 受到判断矩阵 P 阶数的影响，通常来说，RI 的取值随着判断矩阵阶数的增加而增大，具体对应关系见表 5.2。

表 5.2　　　　　　　　　　　　RI 的 取 值

n	1	2	3	4	5	6	7	8	9
RI	0	0	0.58	0.90	1.12	1.24	1.32	1.41	1.45

采用一致性指标对判断矩阵进行检验存在一定的缺陷，即对一致性的扰动可能是由随机原因造成的。为了弥补这一缺陷，我们采用检验系数 CR 对一致性指标 CI 和随机一致性指标 RI 进行比较，公式如下：

$$CR = \frac{CI}{RI} \tag{5.4}$$

一般，如果 $CR < 0.1$，则认为该判断矩阵具有满意的一致性，否则需考虑误差出现的原因并进行调整。在此设计算得到的指标权重为 $W^c = (w_1^c, w_2^c, \cdots, w_n^c)$。

4. 层次总排序及其一致性检验

层次总排序的计算过程与层次单排序类似，其目的是为了确定指标层对于系统评价总体目标的权重值，本书不再详细说明。

主观权重法是人们研究较早、较为成熟的方法。就 AHP 法而言，优点是评价者可以根据系统的特点和对系统的准确认识，结合自身经验合理地确定各评价指标的权重值，不至于出现属性权重与属性实际重要程度相悖的情况，但缺点在于指标赋权的过程过于主观。

5.2.2 熵值法

客观权重法是利用评价指标的客观信息来确定权重的方法，其基本思想是以评价指标的无序程度来反映其对系统的影响程度。在权重计算过程中应尽量避免人为因素的干扰，指标的无序程度主要依靠原始指标值来确定。在处理指标的过程中，需要对指标值进行无量纲化处理，使指标间的差异性保持在同一准则下。一般来说，指标的差异性越大，对系统的影响程度越大，反之则对系统的影响程度越小。常用的客观赋权法有：主成分分析法、熵值法、离差及均方差法、多目标规划法等。其中用途最广泛的为熵值法[151-153]。

"熵"本身是热力学中的概念，是对分子混乱程度的一种度量。将"熵"和信息论结合起来衍生了信息熵的概念。实际上，信息熵所反映的内涵与信息相反，前者反映了系统内部离散随机事件出现的概率，后者反映了系统内部有序事件出现的概率。在系统评价问题中，指标的离散程度越高，通过量化得到的权重越大，指标的规范程度越高，通过量化得到的权重越小。

熵值法的基本步骤如下：

（1）构建原始指标矩阵。设有 m 个评价对象，每个评价对象有 n 个评价指标，依据各评价对象和各评价指标所收集到的数据，形成一个原始指标矩阵 $X = (x_{ij})_{m \times n}$，见式（5.5）：

$$X = \begin{bmatrix} x_{11} & x_{12} & \cdots & x_{1j} \\ x_{21} & x_{22} & \cdots & x_{2j} \\ \vdots & \vdots & \vdots & \vdots \\ x_{i1} & x_{i2} & \cdots & x_{ij} \end{bmatrix} \tag{5.5}$$

式中：$x_{ij}(i = 1, 2, \cdots, m; j = 1, 2, \cdots, n)$ 为第 i 个评价对象第 j 个评价指标原始值。

（2）原始数据标准化。基于上述矩阵，首先需要对研究的数据进行标准化处理。在多个指标构成的评价指标体系中，由于所选指标维度不同，其量纲也存在差异，所以在确定权重之前，分别对效益型指标（越大越好型）和成本型指标（越小越好型）进行无量纲化处理，确保各指标实际值变为区间 [0,1] 上的标准值。本书采用极差标准化法对数据进行预处理，计算公式分别如下：

效益型指标

$$x_{ij}' = \frac{x_{ij} - \min x_i}{\max x_i - \min x_i} \tag{5.6}$$

成本型指标

$$x'_{ij} = \frac{\max x_i - x_{ij}}{\max x_i - \min x_i} \tag{5.7}$$

式中：x'_{ij} 为指标标准化值；$\max x_i$、$\min x_i$ 分别为第 j 个评价指标的最大值和最小值。

（3）改进的熵值法。在原始数据标准化的基础上，采用传统熵值法计算权重存在一个问题：即可能出现对数为负的情况，因此有必要进行改进。结合李政通[154]、叶雪强[155]等的研究，可采用功效系数法和指标平移法来实现。第一种方法的主观性较强，功效系数是由人为确定的，导致了评价结果具有较强的随意性。因此，本书选用第二种方法，即指标平移法来改进熵值法。计算公式为

$$\hat{x}_{ij} = c + d x'_{ij} \tag{5.8}$$

式中：x'_{ij} 为指标标准化后的值，c 和 d 的计算公式为

$$c = \sum_{i=1}^{m} x_{ij} \bigg/ \sqrt{\sum_{i=1}^{n} (x_{ij} - \overline{x}_{ij})^2} \tag{5.9}$$

$$d = 1 \bigg/ \sqrt{\sum_{i=1}^{n} (x_{ij} - \overline{x}_{ij})^2} \tag{5.10}$$

在效果上，上述两种改进方法均可弥补传统熵值法的缺陷，但不同的是指标平移法确定的权重更加客观。

（4）数据的归一化。为了计算各指标的熵值，还需对各指标进行一个同度量化处理，即进行熵值计算之前的归一化。实际上，这个归一化也就是指标比重的计算。归一化的计算公式为

$$p_{ij} = \frac{\hat{x}_{ij}}{\sum_{i=1}^{m} \hat{x}_{ij}} \tag{5.11}$$

经由式（5.11）进行归一化处理之后，就将原始矩阵 $X = (x_{ij})_{m \times n}$ 变成了一个新的标准化矩阵 $p = (p_{ij})_{m \times n}$。

（5）熵值的确定。第 j 个指标的熵值计算公式为

$$E_i = -K \sum_{j=1}^{m} p_{ij} \ln p_{ij} \tag{5.12}$$

式中：E_i 为第 j 个指标的熵值；K 为一个常数，一般取 $K = 1/\ln n$。

（6）计算各指标的权重。最终，依照上述第一至第五步骤的具体计算过程，可以得到熵值法的权重表达式

$$W^s = \frac{1 - E_i}{n - \sum_{i=1}^{n} E_i} \tag{5.13}$$

5.2.3 组合权重法

上述主客观权重计算方式均有其优缺点，层次分析法的缺点为权重的计算有较强的主观性；熵值法确定的权重尽管能够较为客观地反映各评价指标对城市水循环系统健康发展的影响程度，但忽略了评价者对系统的主观认识，容易出现计算得到的权重值与实际重要

程度相违背的现象。为了避免单一权重确定方法的缺陷，需要兼顾指标权重的客观性、专家的知识和经验以及评价者的意见，从而实现指标赋权结果更加科学。Zhao et al.[156]也曾指出，科学的权重计算方法需要主观性和客观性并存。因此，本书采用主客观相结合的方法确定评价指标的综合权重。假设指标的综合权重为 W，根据最小信息熵原理可得

$$\min F = \sum W[\ln W - \ln W^c] + \sum W[\ln W - \ln W^s] \tag{5.14}$$

$$\text{s. t. } \sum W = 1; W > 0 \tag{5.15}$$

由拉格朗日乘子法求解得组合权重为

$$W = \frac{[W^c W^s]^{\frac{1}{2}}}{\sum [W^c W^s]^{\frac{1}{2}}} \tag{5.16}$$

5.3 城市水循环系统健康发展评价模型构建

可变模糊集理论是陈守煜教授于 21 世纪初在其工程模糊集理论的基础上创立的，主要用来分析系统中模糊事物和现象的相对性和动态可变性，因其相对可变性成为一种较先进的模糊理论[157-160]。在其不断地完善和发展中，可变模糊集理论开始在水环境质量、水资源可再生能力、水资源承载能力领域得到应用和推广。其核心理论包括对立模糊集、模糊可变集和相对差异度函数。

5.3.1 VFS 模型适用性分析

（1）可变模糊集模型在处理已知系统评价标准问题上具有独特的优势。可变模糊集理模型将评价指标值和指标标准值组合为对立模糊集 $\overline{A}$，可以直观地反映出每个指标的健康状况，然后通过综合相对隶属度的概念将多指标评价问题转化为单指标的评价，为解决复杂系统的多级别综合评定提供了新的思路[161]。

（2）城市水循环系统和自然界的其他物质一样，处于不断的运动和演化过程中，其外在的表现形式即为城市水循环系统的发展。对其健康发展水平的评价实质上是对城市水循环系统演化过程的真实反映。前文介绍了城市水循环系统演化的渐变与突变机制，这与物质系统演化的表现形式相同，本质都为对立统一规律的作用结果。而可变模糊集理论中的基础概念——相对隶属度，精确地反映了城市水循环系统对立统一的演化过程。

（3）健康是一个相对模糊的概念，直接用健康或者不健康来反映城市水循环系统的发展水平，难以具有有效的说服力。而通过模糊集理论中的隶属度可以用精确的数学语言对这一模糊概念进行科学的表述。尽管如此，经典模糊集理论中的隶属度仍存在过于绝对的问题，仅量化了系统隶属于健康或不健康的程度，忽略了发展的连续性。而可变模糊集给出的相对差异函数 $D_A(u)$，可以量化影响城市水循环系统健康发展的指标对各级指标标准值区间的相对差异度，可以使评价结果更加准确。

5.3.2 VFS 模型基础概念

1. 对立模糊集

设在论域 U 上的对立模糊概念（事物或者现象），以 A 表示模糊概念，对于 U 中的

任意元素 u，其在相对隶属函数连续统数轴上任意点，以 $\underset{\sim}{A}$ 和 $\underset{\sim}{A_c}$ 表示对立的吸引性质和排斥性质。在连续统数轴的任意一点上，对表示吸引性质的 $\underset{\sim}{A}$ 的相对隶属度为 $\mu_{\underset{\sim}{A}}(u)$，表示排斥性质的 $\underset{\sim}{A_c}$ 的相对隶属度为 $\mu_{\underset{\sim}{A_c}}(u)$，且 $\mu_{\underset{\sim}{A}}(u)+\mu_{\underset{\sim}{A_c}}(u)=1$，其中 $\mu_{\underset{\sim}{A}}(u)$ 和 $\mu_{\underset{\sim}{A_c}}(u)$ 均属于 $[0,1]$ 上的集合。令

$$\overline{A}=\{u,\mu_{\underset{\sim}{A}}(u),\mu_{\underset{\sim}{A_c}}(u)\} \tag{5.17}$$

且满足

$$\mu_{\underset{\sim}{A}}(u)+\mu_{\underset{\sim}{A_c}}(u)=1 \tag{5.18}$$

则称 $\overline{A}$ 为 U 的对立模糊集。

2. 相对差异度

假设 $D_{\underset{\sim}{A}}(u)$ 为 u 对于 $\underset{\sim}{A}$ 的相对差异度，表示事物 u 相当于吸引性质的相对隶属度和相当于排斥性质的相对隶属度之差，计算公式为

$$D_{\underset{\sim}{A}}(u)=\mu_{\underset{\sim}{A}}(u)-\mu_{\underset{\sim}{A_c}}(u) \tag{5.19}$$

式中：$D_{\underset{\sim}{A}}(u)\in[-1,1]$，当 $D_{\underset{\sim}{A}}(u)>0$ 时，事物 u 以吸引为其主要性质，排斥为次要性质；反之则事物 u 以排斥为其主要性质，吸引为主要性质。结合式（5.19）可得

$$D_{\underset{\sim}{A}}(u)=2\mu_{\underset{\sim}{A}}(u)-1 \tag{5.20}$$

或

$$\mu_{\underset{\sim}{A}}(u)=(1+D_{\underset{\sim}{A}}(u))/2 \tag{5.21}$$

设 $x_0=[a,b]$ 为实轴上模糊可变集合的吸引域，即 $0<D_{\underset{\sim}{A}}(u)<1$ 区间，$x=[c,d]$ 为包含 $x_0(x_0\subset x)$ 的某一上、下界范围域区间。在城市水循环系统健康评价过程中，范围 $[c,d]$ 代表评价指标量值的上下限，$[a,b]$ 代表评价指标标准的上下限。设 M 为吸引域区间 $[a,b]$ 中相对差异度 $D_{\underset{\sim}{A}}(u)=1$ 的位值，即吸引性和排斥性达到动态平衡的状态临界值，点 x、M 与区间 $[a,b]$、$[c,d]$ 的位置关系如图 5.2 所示。

图 5.2 点 x、M 与区间 $[a,b]$、$[c,d]$ 的位置关系图

5.3.3　VFS 模型评价步骤

可变模糊集（VFS）评价方法能够很好地解决评价指标标准为区间形式的评价识别问题，并且选取多组模型参数进行计算，提高了结果的可靠性。因此，本书通过建立城市水循环系统健康评价指标及其标准阀值，基于可变模糊集模型，计算二级指标的相对隶属度，具体分为以下几个步骤：

1. 建立各级指标标准值区域矩阵

根据本书 4.2 节所确定的指标理想集，建立各级指标标准值区域矩阵 I_{ab}，如式（5.22）所示：

$$I_{ab} = \begin{bmatrix} [a_{11}, b_{11}] & [a_{12}, b_{12}] & \cdots & [a_{1c}, b_{1c}] \\ [a_{21}, b_{21}] & [a_{22}, b_{22}] & \cdots & [a_{2c}, b_{2c}] \\ \vdots & \vdots & \vdots & \vdots \\ [a_{n1}, b_{n1}] & [a_{n2}, b_{n2}] & \cdots & [a_{nc}, b_{nc}] \end{bmatrix} = [a_{ih}, b_{ih}] \qquad (5.22)$$

式中：$i = 1, 2, \cdots, n$ 为样本评价指标数；$h = 1, 2, \cdots, c$ 为评价等级数。

2. 构建各评判等级的范围域矩阵

根据各级指标标准值区域矩阵 I_{ab}，建立各评判等级的范围域矩阵 I_{cd}，指标 i 的范围值区域为 $[c_{ih}, d_{ih}]$，该区间在对各个级别相对隶属度计算中是个可变的概念，以各级指标标准值区间两侧相邻区间的上下限值确定，如式 (5.23) 所示：

$$I_{cd} = \begin{bmatrix} [c_{11}, d_{11}] & [c_{12}, d_{12}] & \cdots & [c_{1c}, d_{1c}] \\ [c_{21}, d_{21}] & [c_{22}, d_{22}] & \cdots & [c_{2c}, d_{2c}] \\ \vdots & \vdots & \vdots & \vdots \\ [c_{n1}, d_{n1}] & [c_{n2}, d_{n2}] & \cdots & [c_{nc}, d_{nc}] \end{bmatrix} = [c_{ih}, d_{ih}] \qquad (5.23)$$

3. 确定点值矩阵

根据城市水循环系统健康评价分级情况确定吸引域中相对隶属度为 1 的点值矩阵 I_M，如式 (5.23) 所示：

$$I_M = \begin{bmatrix} M_{11} & M_{12} & \cdots & M_{1c} \\ M_{21} & M_{22} & \cdots & M_{2c} \\ \vdots & \vdots & \vdots & \vdots \\ M_{n1} & M_{n2} & \cdots & M_{nc} \end{bmatrix} = M_{ih} \qquad (5.24)$$

式中：M 的值可由以下原则确定

$$M = \begin{cases} a_1 & h = 1 \\ \dfrac{a_h + b_h}{2} & 1 < h < c \\ b_c & h = c \end{cases} \qquad (5.25)$$

4. 计算相对隶属度

根据水资源健康循环评价样本指标 i 的特征值 x 与级别 h 指标 i 的 M_{ih} 值进行比较，当 x 落入 M_{ih} 左侧时，相对差异函数为

$$\begin{cases} D_{\underset{\sim}{A}}(u) = \left(\dfrac{x - a_{ih}}{M_{ih} - a_{ih}} \right)^{\beta} & (x \in [a_{ih}, M_{ih}]) \\ D_{\underset{\sim}{A}}(u) = -\left(\dfrac{x - a_{ih}}{c_{ih} - a_{ih}} \right)^{\beta} & (x \in [c_{ih}, a_{ih}]) \end{cases} \qquad (5.26)$$

当 x 落入 M_{ih} 右侧时，相对差异函数为

$$\begin{cases} D_{\underset{\sim}{A}}(u) = \left(\dfrac{x - b_{ih}}{M_{ih} - b_{ih}} \right)^{\beta} & (x \in [M_{ih}, b_{ih}]) \\ D_{\underset{\sim}{A}}(u) = -\left(\dfrac{x - a_{ih}}{d_{ih} - b_{ih}} \right)^{\beta} & (x \in [b_{ih}, d_{ih}]) \end{cases} \qquad (5.27)$$

式（5.25）和式（5.26）中，β 为非负指数，通常可取 $\beta=1$，即相对差异函数模型为线性函数，公式满足：当 $x=a$ 或 $x=b$ 时，$D_{\underset{\sim}{A}}(u)=0$；当 $x=c$ 或 $x=d$ 时，$D_{\underset{\sim}{A}}(u)=-1$；当 $x=M$ 时，$D_{\underset{\sim}{A}}(u)=1$。

由式（5.20）以及 I_{ab}、I_{cd}、I_M 计算各级二级指标的相对隶属度，可得到相对隶属度矩阵

$$\mu_{\underset{\sim}{A}}(u)_{ih}=\begin{bmatrix} \mu_{\underset{\sim}{A}}(u)_{11} & \mu_{\underset{\sim}{A}}(u)_{12} & \cdots & \mu_{\underset{\sim}{A}}(u)_{1c} \\ \mu_{\underset{\sim}{A}}(u)_{21} & \mu_{\underset{\sim}{A}}(u)_{22} & \cdots & \mu_{\underset{\sim}{A}}(u)_{2c} \\ \vdots & \vdots & \vdots & \vdots \\ \mu_{\underset{\sim}{A}}(u)_{n1} & \mu_{\underset{\sim}{A}}(u)_{n2} & \cdots & \mu_{\underset{\sim}{A}}(u)_{nc} \end{bmatrix} \tag{5.28}$$

5. 计算综合相对隶属度向量

设城市水循环系统健康发展评价指标 i 对于级别 h 位于 p_1 与 p_r 之间的一点，p_1 为左端点，p_1：$\mu_{\underset{\sim}{A}}(u)=1$，$\mu_{\underset{\sim}{A_c}}(u)=0$；右端点 p_r：$\mu_{\underset{\sim}{A}}(u)=0$，$\mu_{\underset{\sim}{A_c}}(u)=1$，则 p_i 与 p_1、p_r 两端的多指标广义权距离为

$$d_h(p_1,p_i)=\left\{\sum_{i=1}^{m}\{w_i[1-\mu_{\underset{\sim}{A}}(u)_{ih}]\}^p\right\}^{\frac{1}{p}} \tag{5.29}$$

$$d_h(p_i,p_r)=\left\{\sum_{i=1}^{m}\{w_i[1-\mu_{\underset{\sim}{A}}(u)_{i(h+1)}]\}^p\right\}^{\frac{1}{p}} \tag{5.30}$$

则评价对象对级别 h 的多指标综合相对隶属度 $v_{\underset{\sim}{A}}(u)_h$ 为

$$v_{\underset{\sim}{A}}(u)_h=\left\{1+\left[\frac{d_h(p_1,p_i)}{d_h(p_i,p_r)}\right]^{\alpha}\right\}^{-1} \tag{5.31}$$

式中：α 为优化准则参数，$\alpha=1$ 为最小一乘方准则，$\alpha=2$ 为最小二乘方准则；p 为距离参数，$p=1$ 为海明距离，$p=2$ 为欧氏距离。

6. 根据各级综合相对隶属度向量对样本进行综合评价

根据陈守煜等[162,163]的研究，应用级别特征值 H 评价样本各级评价指标的健康级别，具体评判方法如下：

$$H=(1,2,\cdots,C)v_{\underset{\sim}{A}}(u)_h^T \tag{5.32}$$

评定准则如下：

当 $c-0.5<H<c$ 时，将城市水循环系统健康发展评价等级归于 C 级；当 $1\leqslant H\leqslant 1.5$ 时，将城市水循环系统健康发展评价等级归于 1 级；当 $h-0.5<H\leqslant h+0.5$ 时，将城市水循环系统健康发展评价等级归于 h 级，$h=2,3,\cdots,C-1$。

可变模糊评价级别评定标准见表 5.3。

表 5.3 可变模糊评价级别评定标准

等　级	非常健康	健康	亚健康	不健康	病态
H 的取值范围	[1, 1.5]	[1.5, 2.5)	[2.5, 3.5)	[3.5, 4.5)	[4.5, 5]
健康发展程度	强	较强	中等	较弱	弱

5.4 评价指标标准阈值的确定

指标标准阈值是城市水循环系统健康发展影响指标评定的基准值，确定了指标健康等级，直接决定了系统评价结果的真实性。

（1）确定合理的评价标准对于城市水循环系统健康发展的评价至关重要。确定城市水循环评价标准的基本要求如下：

1）能充分反映城市的水资源条件、城市化发展对水资源、水环境的影响，要体现出评价地区的差异性，确保制定的标准具有明确的意义，能够体现出指标值本质特征，体现出城市水资源状况的真实性和客观性。

2）使用指标标准值衡量城市水循环评价指标值时，要确保计算结果可以体现时间差异性，通过评价结果可以发现城市水循环系统发展规律，明确影响其健康发展的原因。

3）指标标准的确定不能过于主观，要以科学理论为指导，再参照国内外相关标准或研究成果，结合城市实际情况来确定。

本书采用基数选择法和文献法两种方法进行评价指标标准阈值的确定。对于人们已经普遍接受的指标按基数选择法来确定；对于某些目前人们还没有公认的指标按指标演化系列参考相关文献进行确定。

（2）指标标准阈值按最低水平、低水平、中等水平、高水平和最高水平5级标准分别确定。指标标准阈值确定的主要依据为：

1）国际、国家或地方有关标准或规范。例如：国际公认的4个等级缺水标准、中国径流地带区划的划分标准、地表水资源质量标准等。

2）国家关于某些指标的发展规划值，或发达国家、发达地区的实际指标值，如：万元GDP用水量、万元工业增加值用水量等。

3）现有研究成果，如：水资源可持续发展评价标准[164]、水资源安全评价标准[165]、水质评价标准[166]、生态环境安全评价标准[167]、水资源脆弱性评价标准[168-170]等。

4）结合研究区域的经济发展水平，参考其他研究区域的经济发展水平，制定相应指标的评价标准，如：人均综合用水量等。

在制定标准时，还需结合城市社会经济发展现状和水资源现状，具体见表5.4。

表5.4　　　　　　城市水循环系统健康发展评价指标标准阈值

指标	单　位	I 级	II 级	III 级	IV级	V 级
C1		[0.5, 1]	[1, 1.5]	[1.5, 2]	[2, 2.5]	[2.5, 3]
C2	人/km^2	[200, 400]	[400, 800]	[800, 2000]	[2000, 3500]	[3500, 5000]
C3	%	[5, 24]	[24, 140]	[140, 610]	[610, 1060]	[1060, 1600]
C4	$m^3/10^4$	[200, 400]	[400, 800]	[800, 2000]	[2000, 3500]	[3500, 5000]
C5		[0, 0.1]	[0.1, 0.2]	[0.2, 0.3]	[0.3, 0.6]	[0.6, 1]
C6	$m^3/$人	[1200, 1100]	[1100, 1000]	[1000, 800]	[800, 500]	[500, 200]
C7	$m^3/10^4$元	[0, 30]	[30, 60]	[60, 90]	[90, 120]	[120, 150]

指标	单 位	Ⅰ级	Ⅱ级	Ⅲ级	Ⅳ级	Ⅴ级
C8	t/10⁴元	[5，10]	[10，25]	[25，40]	[40，55]	[55，70]
C9	%	[0.01，0.02]	[0.02，0.04]	[0.04，0.06]	[0.06，0.08]	[0.08，0.1]
C10	%	[5，15]	[15，25]	[25，35]	[35，45]	[45，55]
C11	%	[2，6]	[6，10]	[10，14]	[14，17]	[17，20]
C12	mm	[900，1200]	[200，900]	[50，200]	[10，50]	[5，10]
C13		[0.8，0.6]	[0.6，0.4]	[0.4，0.2]	[0.2，0.1]	[0.1，0]
C14	10⁴m³/km²	[30，40]	[20，30]	[10，20]	[5，10]	[1，5]
C15	%	[7，8]	[6，7]	[5，6]	[4，5]	[3，4]
C16	m³/人	[8000，3000]	[3000，2300]	[2300，1700]	[1700，1000]	[1000，250]
C17	%	[10，30]	[30，50]	[50，70]	[70，90]	[90，100]
C18	%	[10，30]	[30，50]	[50，70]	[70，90]	[90，100]
C19	%	[100，99]	[99，98]	[98，96]	[96，94]	[94，92]
C20	%	[0，5]	[5，10]	[10，20]	[20，40]	[40，60]
C21	%	[90，80]	[80，70]	[70，60]	[60，50]	[50，40]
C22	mg/L	[0，0.2]	[0.2，0.5]	[0.5，1.0]	[1.0，1.5]	[1.5，2]
C23	mg/L	[0，0.02]	[0.02，0.1]	[0.1，0.2]	[0.2，0.3]	[0.3，0.4]
C24	%	[40，50]	[30，40]	[20，30]	[10，20]	[5，10]
C25	%	[50，60]	[40，50]	[30，40]	[20，30]	[10，20]
C26	%	[90，80]	[80，70]	[70，50]	[50，40]	[40，30]
C27	%	[3.6，3]	[3，2.4]	[2.4，1.8]	[1.8，1.2]	[1.2，0.6]
C28	%	[100，90]	[90，80]	[80，70]	[70，60]	[60，50]
C29	%	[100，95]	[95，80]	[80，70]	[70，60]	[60，50]
C30	%	[2，1.5]	[1.5，1]	[1，0.5]	[0.5，0.2]	[0.2，0]
C31	%	[2，1.5]	[1.5，1]	[1，0.5]	[0.5，0.2]	[0.2，0]

第6章

城市水循环系统健康发展评价实证研究

上海市是国际金融贸易中心，也是我国长三角城市群中唯一的超大城市。作为我国经济发展最具活力、开放程度最高的城市，上海市目前正处于转型提升、创新发展的关键阶段，不可避免地存在一些问题。例如：人口密集程度较高、环境恶化，尤其是其经济的高速发展和用水矛盾逐渐激化。因此，本章在前文规范研究的基础上，以上海市为例进行实证研究。针对上海市水资源现状，运用前文构建的集对分析模型和可变模糊集模型，对其2007—2017年的水循环系统健康发展水平进行评价，并对其健康水平变化的原因进行分析。

6.1 研究区域概况

6.1.1 上海市地理位置和气候条件

上海市是我国省级行政区、直辖市，国家历史文化名城，国际经济、金融、贸易、航运、科技创新中心。上海市位于我国华东地区，介于东经120°52′～122°12′、北纬30°40′～31°53′之间，土地面积为6340.5km²，位于太平洋西岸，亚洲大陆东沿，中国南北海岸中心点，长江和黄浦江入海汇合处。北界长江，东濒东海，南临杭州湾，西接江苏和浙江两省。截至目前，上海市辖16个市辖区，作为中国经济最为发达的金融中心，隶属于超大城市之一，其社会经济发展程度在世界范围内排名前三。

上海是长江三角洲冲积平原的一部分，平均高度为海拔2.19m。属亚热带季风性气候，四季分明，日照充分，雨量充沛。上海气候温和湿润，春秋较短，冬夏较长。2013年，全市平均气温17.6℃，日照1885.9h，降水量1173.4mm。全年60%以上的雨量集中在5—9月的汛期。

6.1.2 上海市社会经济发展概况

根据《上海统计年鉴》，2017年年末，上海市常住人口2418.33万人，与2015年相比增长了近10%。实现地区生产总值（GDP）30632.99亿元，第一产业110.78亿元，第二产业9330.67亿元，第三产业21191.54亿元，人均地区生产总值实现12.66万元。除了第一产业的经济贡献率为0以外，第二产业和第三产业经济贡献率分别达到25.5%和74.5%。就经济发展增速来说，近年来其经济增长率也在不断提高，2015年之后开始超过全国平均水平。可见，上海市经济、人口的持续增长，再加上与之相伴的污水排放，势必会给水循环系统带来压力。以上海市为案例进行研究，有较强的代表性，具体研究结果也具有较强的推广性。

6.1.3 上海市水资源概况

1. 上海市水资源总量

2017年，上海市水资源总量为34亿 m^3，比多年平均值减少了16%，与2016年相比减少了44%。其中地表水资源量为27.8亿 m^3，地下水资源量为9.2亿 m^3，地表水与地下水资源不重复量为6.2亿 m^3。2007—2017年，上海地表水资源、地下水资源以及水资源总量见表6.1。

表6.1　　　　　　　　　上海市 2007—2017 年水资源量　　　　　　　　单位：亿 m^3

年　份	地表水	地下水	地表水与地下水资源不重复量	水资源总量
2007	28	9.8	6.5	34.5
2008	30	10.2	7	37
2009	34.6	9.9	7	41.6
2010	30.9	8.9	5.9	36.8
2011	16.23	7.43	4.48	20.71
2012	27.4	9.7	6.6	33.9
2013	22.77	8.21	5.26	28.03
2014	40.1	10	7.1	47.1
2015	55.3	11.7	8.7	64.1
2016	52.66	11.31	8.36	61.02
2017	27.8	9.2	6.2	34

注　表格中数据来源于 2007—2017 年《上海市水资源公报》。

可以看出，2007—2017年上海市水资源总量变化波动较大，且较为无序。这是由于上海市水资源量有60%来源于降雨量。2011年水资源总量最小，这是由于2011年为枯水年，年降雨量为882.5mm，为年平均降雨量的70%，仅为水资源总量最多年份，也就是2015年的54%。上海市地下水量较为稳定，水资源总量和地表水资源量保持同步的变换。上海市2007—2017年水资源总量的变化趋势如图6.1所示。

2. 上海市用水量概况

用水量是指各类用水户取用的包括输水损失在内的毛用水量之和。上海用水量统计过程中存在一个问题，即上海市生态用水量在2013年之前归于城镇公共生活用水量之中，且无法拆分。因此，上海市用水量分布采用2007—2017年《中国水资源公报》。用水量可分为生活用水、工业用水、农业用水和人工生态环境用水4个部分。其中生活用水包含城市居民生活和公共用水；工业用水指工矿企业在生产过程中的用水，按新鲜取用量计，不包括企业内部的重复利用水量。农业用水包括耕地灌溉和园林、牧草地灌溉，鱼塘补水及牲畜用水。人工生态环境用水量仅包括人为措施供给的城市环境用水和部分河湖、

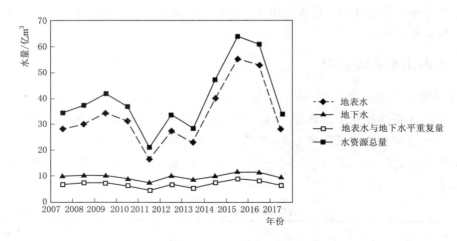

图 6.1   上海市 2007—2017 年水资源总量变化趋势图

湿地补水，不包括降雨、径流自然满足的水量。2007—2017 年，上海市不同用水主体的用水量情况见表 6.2。

表 6.2   上海市 2007—2017 年用水量分布   单位：亿 m³

年　份	生活用水量	工业用水量	生态用水量
2007	21.6	81.3	1
2008	22.4	79.6	1.1
2009	23.1	84.2	1.2
2010	23.5	84.8	1.2
2011	23.9	75.63	0.9
2012	24.9	72.9	0.7
2013	24.71	77	0.7
2014	24.4	66.2	0.79
2015	24.1	64.6	0.8
2016	24.3	63.1	0.81
2017	24.6	62.7	0.82

注　表格中数据来源于 2007—2017 年《中国水资源公报》。

可以看出，上海市工业用水量占据总用水量的 60% 以上，是全市用水总量中占比最大的部分。从用水量的变化趋势来看，总体呈现波动性的下降，主要受工业用水量的影响。这是因为上海市积极调整产业结构所取得的效果，第三产业的经济贡献率已远远超过了工业经济贡献率。工业内部结构也有所调整，不同行业之间的用水量差异较大，高耗水行业在一系列水资源管理及保护政策下逐步向外转移，现有行业普遍水资源利用效率有所提升，对新鲜水源的需求有所降低。上海市 2007—2017 年不同用水主体用水量变化趋势如图 6.2 所示。

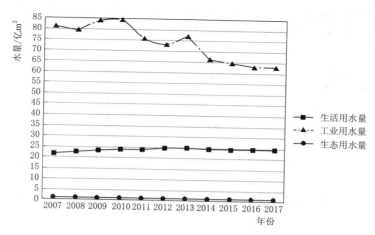

图 6.2　上海市 2007—2017 年不同用水主体用水量变化趋势图

3. 上海市污水排放量概况

　　城市污水排放量主要是指城市居民生活和工业等用水户排放的水量，污水的随意排放是造成水质恶化的根本原因。2017 年全市城市污水总量 22.95 亿 m³，比上年减少 0.61 亿 m³，折合日均城镇污水量 628.84 万 m³，其中工业污水 140.64 万 m³/d，生活污水量 488.20 万 m³/d。到 2017 年年底，全市共有城镇污水处理厂 51 座（2017 年建成 1 座，归并 3 座），总设计规模为 825.7 万 m³/d，比上年增加 13.5 万 m³/d。全年日均实际污水处理量 594.28 万 m³/d，比上年减少 14.32 万 m³/d。2007—2017 年，上海市污水排放情况见表 6.3。

表 6.3　　　　　　　　　　上海市 2007—2017 年污水排放量分布　　　　　　　　　　单位：亿 m³

年　份	生活污水量	工业废水量	城市污水总量
2007	15.09	7.43	22.52
2008	16.04	7.27	23.31
2009	16.47	6.54	23.01
2010	16.16	6.97	23.13
2011	15.99	6.80	22.79
2012	16.97	6.47	23.44
2013	17.01	6.17	23.18
2014	17.35	5.82	23.17
2015	17.44	5.60	23.04
2016	18.14	5.42	23.56
2017	17.82	5.13	22.95

注　表格中数据来源于 2007—2017 年《上海市水资源公报》，2016 年和 2017 年数据由工业和生活日均污水量计算而来。

　　可以看出，上海市 2007—2017 年总污水排放量变化较小，维持在 23 亿 m³ 左右，工业废水排放量持续减少，这与工业用水量减少有直接关系。生活污水排放量呈波动性上升趋势，2007 年至今居民生活用水总量的年均增长率为 1.26%，主要是由于人口增长所导致的。上海市 2007—2017 年污水排放量变化趋势如图 6.3 所示。

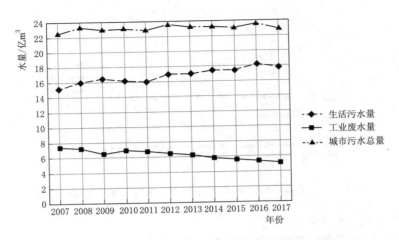

图 6.3　上海市 2007—2017 年污水排放量变化趋势

6.2　上海市水循环系统健康发展评价指标分析结果

6.2.1　数据搜集与处理

本书所用相关数据来源于《上海统计年鉴》（2008—2018 年）、《上海市水资源公报》（2007—2017 年）、《上海市环境状况公报》（2007—2017 年）、《中国水资源公报》（2007—2017 年）等整理而得，部分数据经过计算处理而得到基础数据。

6.2.2　评价指标的集对指数势计算

1. 构建上海市水循环系统健康发展评价的集对关系

根据上海市水循环系统健康发展评价指标的物理含义及其对水资源与水环境可持续性等方面的作用，结合本书 5.4 节所确定的评价指标标准阈值，确定区间型评价标准，即 6 个节点（s_0、s_1、s_2、s_3、s_4、s_5）划分为 5 级评价标准，分别为"非常健康（Ⅰ级）、健康（Ⅱ级）、亚健康（Ⅲ级）、不健康（Ⅳ级）、病态（Ⅴ级）"。

可将上海市 2007—2017 年评价指标样本值 x_{ij}（$i=1,2,\cdots,n;j=1,2,\cdots,m$）组成集合 A；每个评价指标各个等级的标准值组成集合 B；集合 A 和 B 构造成为一个集对 $H(A,B)$。

2. 计算评价指标联系数

采用"同异反层次法"联系数表达式［式（4.6）］，根据所搜集的数据，计算各个评价指标的联系数。限于书稿篇幅，本书以 2017 年上海市数据为例进行说明。2017 年上海市水循环健康发展评价指标联系数见表 6.4。

表 6.4　　　　　　　　　　　　2017 年上海市水循环健康发展评价指标联系数

评价指标	a_1	a_2	b_1	b_2	b_3	c_1	c_2
C1	0.000	0.245	0.500	0.255	0.000	0.000	0.000
C2	0.000	0.000	0.000	0.000	0.395	0.500	0.105
C3	0.500	0.500	0.000	0.000	0.000	0.000	0.000
C4	0.000	0.496	0.500	0.004	0.000	0.000	0.000
C5	0.500	0.500	0.000	0.000	0.000	0.000	0.000
C6	0.112	0.500	0.388	0.000	0.000	0.000	0.000
C7	0.000	0.300	0.500	0.200	0.000	0.000	0.000
C8	0.500	0.500	0.000	0.000	0.000	0.000	0.000
C9	0.000	0.000	0.189	0.500	0.311	0.000	0.000
C10	0.000	0.000	0.000	0.000	0.440	0.500	0.060
C11	0.000	0.000	0.000	0.000	0.433	0.500	0.067
C12	0.000	0.219	0.500	0.281	0.000	0.000	0.000
C13	0.000	0.170	0.500	0.330	0.000	0.000	0.000
C14	0.000	0.000	0.225	0.500	0.275	0.000	0.000
C15	0.000	0.450	0.500	0.050	0.000	0.000	0.000
C16	0.000	0.000	0.000	0.000	0.000	0.500	0.500
C17	0.000	0.000	0.000	0.000	0.000	0.500	0.500
C18	0.500	0.500	0.000	0.000	0.000	0.000	0.000
C19	0.500	0.500	0.000	0.000	0.000	0.000	0.000
C20	0.000	0.000	0.000	0.000	0.000	0.500	0.500
C21	0.000	0.000	0.365	0.500	0.135	0.000	0.000
C22	0.000	0.000	0.250	0.500	0.250	0.000	0.000
C23	0.000	0.000	0.000	0.450	0.500	0.050	0.000
C24	0.000	0.455	0.500	0.045	0.000	0.000	0.000
C25	0.500	0.500	0.000	0.000	0.000	0.000	0.000
C26	0.300	0.500	0.200	0.000	0.000	0.000	0.000
C27	0.000	0.000	0.000	0.000	0.417	0.500	0.083
C28	0.000	0.475	0.500	0.025	0.000	0.000	0.000
C29	0.353	0.500	0.147	0.000	0.000	0.000	0.000
C30	0.000	0.240	0.500	0.260	0.000	0.000	0.000
C31	0.000	0.000	0.033	0.500	0.467	0.000	0.000

3. 评价指标集对指数势计算结果

根据式 (4.9) 和式 (4.10),计算影响因子的集对势和集对指数势,由于本书评价的时间尺度为 2007—2017 年,所以用各年集对指数势的平均值来确定各评价指标的态势,计算结果见表 6.5。

表 6.5

上海市水循环系统健康发展评价指标集对指数势

指标	2007	2008	2009	2010	2011	2012	2013	2014	2015	2016	2017	均值
C1	1.233	1.335	1.442	1.246	1.000	1.382	1.031	1.466	1.791	1.720	1.278	1.357
C2	0.658	0.632	0.613	0.580	0.567	0.557	0.547	0.544	0.547	0.546	0.546	0.576
C3	2.718	2.718	2.718	2.718	2.718	2.387	2.718	2.316	2.718	2.718	2.718	2.652
C4	1.188	1.257	1.273	1.323	1.468	1.519	1.532	1.586	1.600	1.621	1.642	1.455
C5	1.632	1.649	0.579	0.584	2.718	2.718	1.000	2.718	2.718	2.718	2.718	1.978
C6	1.276	1.308	1.269	1.492	1.654	1.674	1.786	1.828	1.856	1.916	1.844	1.627
C7	0.368	0.449	0.368	0.505	1.000	1.000	1.000	1.124	1.124	1.162	1.350	0.859
C8	1.811	2.066	2.132	2.589	2.454	2.332	2.420	2.519	2.384	2.718	2.718	2.377
C9	1.000	1.000	1.000	1.000	0.484	1.000	0.893	1.087	1.405	1.335	1.000	1.018
C10	0.368	0.368	0.368	0.368	0.368	0.460	0.429	0.483	0.500	0.531	0.571	0.438
C11	1.025	1.000	1.000	1.000	1.000	0.819	0.792	0.694	0.679	0.587	0.567	0.833
C12	1.325	1.325	1.387	1.402	1.059	1.158	1.217	1.601	1.850	1.841	1.245	1.401
C13	1.183	1.215	1.280	1.227	1.041	1.180	1.120	1.362	1.616	1.569	1.185	1.271
C14	1.000	1.000	1.000	1.000	1.000	1.000	1.000	1.000	1.000	1.000	1.000	1.000
C15	2.718	2.718	2.718	2.718	2.718	2.117	2.586	1.733	1.649	1.492	1.568	2.249
C16	0.368	0.368	0.368	0.368	0.368	0.368	0.368	0.368	0.372	0.368	0.368	0.368
C17	0.368	0.368	0.368	0.368	0.368	0.368	0.368	0.368	0.368	0.368	0.368	0.368
C18	2.718	2.718	2.718	2.718	2.718	2.718	2.718	2.718	2.718	2.718	2.718	2.718
C19	0.844	1.000	1.000	1.000	1.000	1.105	1.162	1.492	1.822	2.718	2.718	1.442
C20	0.368	0.368	0.368	0.368	0.368	0.368	0.368	0.389	0.427	0.431	0.368	0.381
C21	0.576	0.576	0.583	0.602	0.613	0.623	0.613	0.748	0.827	0.919	1.000	0.698
C22	0.537	0.580	0.625	0.670	0.716	0.763	0.811	0.819	0.791	1.000	1.000	0.756
C23	0.368	0.368	0.368	0.373	0.391	0.428	0.468	0.489	0.568	0.698	0.951	0.497
C24	1.462	1.492	1.499	1.507	1.507	1.514	1.522	1.522	1.530	1.553	1.576	1.517
C25	2.055	2.195	2.593	2.342	2.427	2.718	2.718	2.718	2.718	2.718	2.718	2.538
C26	1.777	1.804	1.831	1.859	1.878	1.897	1.916	1.935	1.954	2.117	2.226	1.927
C27	0.368	0.368	0.368	0.368	0.402	0.445	0.463	0.515	0.531	0.544	0.558	0.448
C28	0.909	1.041	1.000	1.000	0.985	1.031	1.145	1.271	1.477	1.592	1.608	1.187
C29	1.179	1.314	1.421	1.576	1.670	1.863	1.950	2.063	2.199	2.277	2.347	1.805
C30	0.648	0.622	1.000	1.000	1.000	1.000	1.000	1.000	1.010	1.139	1.271	0.972
C31	0.471	0.526	0.619	0.598	0.628	0.368	0.368	0.693	0.928	0.799	1.000	0.636

6.2.3 结果分析

根据各评价指标的集对指数势，结合表 6.5，分析各评价指标对系统的影响趋势。从评价指标集对指数势的计算结果来看，它们对于系统的影响程度不同，其中有 13 个评价指标处于反势态势，也就是说这 13 个指标表现出对城市水循环系统健康发展的影响呈增强趋势。其中处于准反势的指标有水资源年开发利用率；处于强反势的指标有人均水资源占有量、污染河流长度比例、工业用水比例、生态环境用水比例、河流总磷浓度、人口密度、环境保护投资占 GDP 比例；处于微反势的指标有水功能区水质达标率、河流总氮浓度、生活用水比例、万元工业增加值用水量、水资源管理投资占 GDP 比例。处于均势的评价指标只有一个，即地下水资源模数。这也表明了这些指标因子仍是制约上海水循环系统健康发展的关键因素。

剩余的 17 个评价处于同势态势，也就是说这 17 个因子表现出对城市水循环系统健康发展的影响呈减弱趋势。其中处于微同势的指标有污径比、城市污水处理率、产水系数、干旱指数、年径流深、城市饮用水源地水质达标率、单位 GDP 用水量；处于强同势的指标有绿地覆盖率、人均综合用水量、工业废水排放达标率、工业重复用水率、用水弹性系数、经济增长率、万元工业产值废水量、第三产业产值占 GDP 比重、人口自然增长率；处于准同势的指标有地下水利用程度。

从上海市水循环系统健康发展评价指标集对指数势的时间变化趋势上来看，各个评价指标在不同的年份表现出不同的态势。例如，万元工业增加值用水量（C7）在 2010年之前表现出反势的态势，在 2011—2013 年表现出均势的态势，而在 2014—2017 年表现出同势的态势。生活用水比例（C11）在 2007 年表现出同势的态势，在 2008—2011年表现出均势的态势，在 2012—2017 年表现出反势的态势。城市饮用水水源地水质达标率（C19）在 2007 年表现出反势的态势，在 2008—2011 年表现出均势的态势，而在2012—2017 年表现出同势的态势。水资源管理投资占 GDP 比例（C30）在 2007 年和2008 年表现出反势的态势，在 2009—2014 年表现出均势的态势，而在 2015—2017 年表现出同势的态势。以上 4 个评价指标分别从经济发展用水量、城市用水结构、水质以及水资源管理 4 个方面阐述了上海市水循环系统健康发展因子指标的动态性，其他因子不再一一描述。

可见，评价指标对于上海市水循环系统健康发展的影响趋势是动态的，这表明随着社会经济的发展，每个指标所归属的健康等级是不同的。因此，决策者在制定水资源管理和保护相关政策时应优先考虑处于反势状态的指标，以便获得更好的实施效果。

6.3 上海市水循环系统健康发展评价

本节内容是在第 5 章构建的城市水循环系统健康发展评价指标权重和评价模型的基础上，对上海市 2007—2017 年的水循环系统健康发展水平进行评价，并对其原因进行分析。

6.3.1 权重计算结果

根据表 4.5 构建的指标体系，将上海市 2007—2017 年的 31 个指标的数据进行标准化处理，以消除不同量纲对数据处理时的影响。进而，由式（5.1）~式（5.4）确定指标的主观权重，由式（5.5）~式（5.13）确定指标的熵值法权重，然后由式（5.14）和式（5.15）确定指标的组合权重，各指标以及压力、状态及响应3个子系统的权重计算结果见表6.6，并对指标的权重大小进行排序。

表6.6 　　　　　　　　　　　城市水循环系统健康发展评价指标权重

要　素	指　标	客观权重	主观权重	综合权重	权重排序
压力层 B1(0.3002)	C1	0.0127	0.0294	0.0204	31
	C2	0.0136	0.0426	0.0255	23
	C3	0.0136	0.0318	0.0220	26
	C4	0.0267	0.0312	0.0305	18
	C5	0.0235	0.0320	0.0290	19
	C6	0.0198	0.0334	0.0272	21
	C7	0.0268	0.0330	0.0315	15
	C8	0.0375	0.0281	0.0343	10
	C9	0.0134	0.0291	0.0209	28
	C10	0.0221	0.0311	0.0277	20
	C11	0.0221	0.0393	0.0312	16
状态 B2(0.3394)	C12	0.0122	0.0317	0.0208	30
	C13	0.0122	0.0319	0.0209	29
	C14	0.0131	0.0303	0.0211	27
	C15	0.0262	0.0421	0.0351	8
	C16	0.0183	0.0311	0.0252	24
	C17	0.0353	0.0285	0.0335	11
	C18	0.0323	0.0288	0.0322	14
	C19	0.0343	0.0293	0.0335	12
	C20	0.0283	0.0296	0.0306	17
	C21	0.0253	0.0428	0.0348	9
	C22	0.0181	0.0312	0.0251	25
	C23	0.0181	0.0347	0.0265	22
响应 B3(0.3604)	C24	0.0318	0.0295	0.0324	13
	C25	0.0382	0.0341	0.0382	5
	C26	0.0972	0.0327	0.0596	1
	C27	0.0610	0.0313	0.0462	4
	C28	0.0933	0.0280	0.0540	3
	C29	0.0933	0.0292	0.0552	2
	C30	0.0399	0.0323	0.0380	6
	C31	0.0399	0.0301	0.0367	7

　　由表6.6可以看出，在上海市水循环系统健康评价的3个要素层：压力层所占权重为0.3002，状态层所占权重为0.3394，响应层所占权重为0.3604。其中响应层权重最高，状态层次之，压力层所占权重最小。这表明响应层对于上海市水循环系统健康发展的贡献

最大，相对重要程度最高。尽管上海市社会经济的用水以及污水排放为其水循环系统的发展带来很大的压力，但只要采取一系列积极的应对措施，仍可保证其健康发展。

从指标层的权重结果来看，工业重复用水率（C26）所占权重为 0.0596，排名第一，工业废水排放达标率（C29）和城市污水处理率（C28）次之，排名分别为第二和第三，所占权重分别为 0.0552 和 0.0540。可以看出，工业用水的良性循环在整个水循环系统中处于十分重要的地位。工业用水重复利用效率对于深化污染防治，稳步提升水环境质量，控制用水总量，实现城市水循环系统健康发展具有重要的意义。

6.3.2 上海市水循环系统健康发展评价结果与分析

通过前文所介绍的可变模糊集评价模型，运用组合权重法求得指标相应的权重之后，本书取 $\alpha=1$，$\alpha=2$；$p=1$，$p=2$ 4 种组合的平均值，利用式（5.22）～式（5.31）计算上海市水循环系统对健康级别的综合相对隶属度，利用式（5.32）计算级别特征值，结合表5.3 确定其健康等级。不同参数取值的计算结果在正文中不再列出。

下文从准则层（压力、状态、响应）和目标层（综合评价）对上海市水循环系统健康发展评价的结果进行分析。结合可变模糊集的评判准则可以看出级别特征值的数值越小，水循环系统发展的健康水平越高，级别特征值的数值越大，水循环系统发展的健康水平越低。

1. 准则层评价结果

本节分别从城市水循环系统的压力、状态和响应 3 个要素层面对上海市水循环系统的发展态势进行分析。

（1）压力层分析。压力层面各评价指标的对应各级别的综合相对隶属度和级别特征值见表6.7。

表 6.7　　压力层面上海市水循环系统健康发展水平评价结果表（2007—2017 年）

年　份	非常健康	健　康	亚健康	不健康	病　态	级别特征值 H	健康等级
2007	0.3040	0.2578	0.1491	0.0544	0.2347	2.6579	3
2008	0.3079	0.2608	0.1441	0.0247	0.2625	2.6729	3
2009	0.1876	0.2769	0.1176	0.0062	0.4116	3.1773	3
2010	0.3224	0.2562	0.1271	0.0000	0.2943	2.6877	3
2011	0.4194	0.1034	0.2977	0.0121	0.1674	2.4046	3
2012	0.4909	0.1469	0.1374	0.0481	0.1767	2.2728	2
2013	0.3791	0.1042	0.2523	0.0790	0.1854	2.5873	3
2014	0.5308	0.1664	0.0645	0.0629	0.1754	2.1857	2
2015	0.5906	0.1311	0.0455	0.0542	0.1787	2.0993	2
2016	0.5713	0.1196	0.0405	0.0000	0.2686	2.2749	2
2017	0.5722	0.0980	0.0665	0.0018	0.2615	2.2825	2

由 2007—2017 年的级别特征值的得分可以看出，上海市水循环系统压力层面在 2007—2011 年、2013 年归于等级 3，即亚健康级别，在 2012—2017 年（2013 年除外）归于等级 2，即健康级别。上海市水循环系统压力层面级别特征值的变化趋势及各健康等级所占比例如图 6.4 和图 6.5 所示。

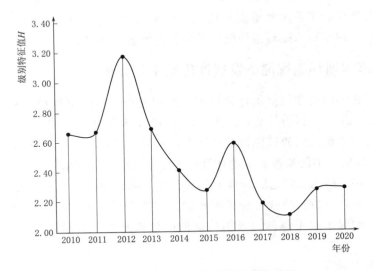

图 6.4　压力层面级别特征值的变化趋势

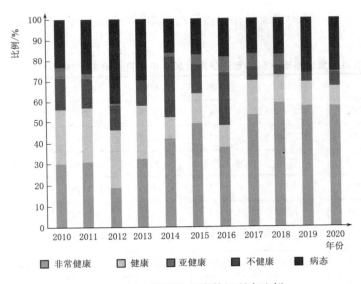

图 6.5　压力层面各健康等级所占比例

从 2007—2017 年的级别特征值和各健康等级所占比例变化趋势来看，压力层面的健康发展状态具有一定的波动性，但总体呈现出改善趋势，级别特征值由 2007 年的 2.66 下降到 2017 年的 2.28，这表明上海市水循环系统健康发展的压力在逐渐变小。压力层面归属于非常健康等级的比例由 2007 年的 30％ 上升到 2017 年的 57％，增长了近 2 倍；压力层面归属于健康等级的比例由 2007 年的 26％ 下降到 2017 年的 10％；压力层面归属于其他等级的比例变化波动较大。

造成上海市水循环系统压力减小的主要原因是近年来上海节水社会建设取得了较大进展[171]，使得压力层面的部分指标有了不同程度的改善。单位 GDP 用水量（C4）常年处于健康等级，且表现出持续减小的态势。人均综合用水量（C6）由 2007 年的 654m³ 下降到 2017 年的 433m³，自 2011 年起由健康等级上升至非常健康的等级。万元工业增加值用水量（C7）呈现波动性下降的趋势，2010 年之后由病态等级上升为亚健康等级，2013 年之后又上升至健康等级。万元工业产值废水量（C8）在评价年份持续减小，始终维持在非常健康等级。尽管上述各指标均有一定程度的改善，但与发达国家相比仍存在较大的差距。研究表明，经济和社会发展的驱动力导致了全球用水的不可持续，特别是在城市地区[172]。幸运的是，上海的用水量增长率也已经低于经济产出增长率[9]。然而，经济增长离不开水资源的消耗。Zhao et al.[173] 的研究表明，未来几年中国的用水量将继续增加，到 2021 年这种情况才能发生改变，如果不提高用水效率，中国的水资源就无法得到改善满足经济发展的需要。因此，上海还需要优化水资源配置，合理调整产业布局，实现水资源的高效利用。

与上述相反的，部分指标仍对上海市水循环系统的健康发展起到了阻碍作用。例如，人口密度（C2）和生活用水比例（C11）在评价年份持续增长，且于 2017 年均处于病态等级。尽管工业用水比例（C10）情况有所缓解，但仍处于不健康等级。这表明用水结构的不合理是阻碍上海市水循环系统健康发展的主要原因。压力层面主要指标的变化趋势如图 6.6 所示。

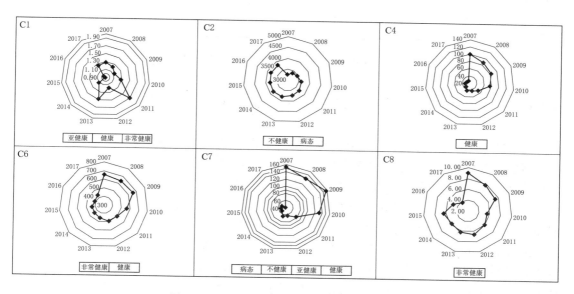

图 6.6(一)　压力层面各指标值的变化趋势

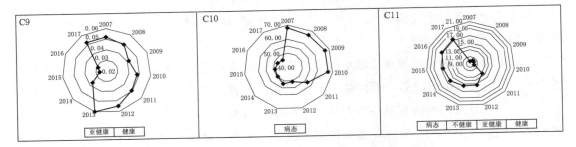

图 6.6（二）　压力层面各指标值的变化趋势

（2）状态层分析。状态层面各评价指标的对应各级别的综合相对隶属度和级别特征值见表 6.8。

表 6.8　　状态层面上海市水循环系统健康发展水平评价结果表（2007—2017 年）

年　　份	非常健康	健康	亚健康	不健康	病态	级别特征值 H	健康等级
2007	0.1950	0.0679	0.0979	0.0662	0.5730	3.7543	4
2008	0.1967	0.0733	0.1301	0.0274	0.5724	3.7056	4
2009	0.1952	0.0859	0.1517	0.0153	0.5519	3.6429	4
2010	0.1981	0.0957	0.1244	0.0592	0.5226	3.6126	4
2011	0.2035	0.0672	0.1379	0.0859	0.5056	3.6229	4
2012	0.2041	0.1146	0.1177	0.0719	0.4916	3.5322	4
2013	0.2039	0.1194	0.1062	0.0634	0.5071	3.5505	4
2014	0.2760	0.1307	0.0783	0.1339	0.3812	3.2137	3
2015	0.4445	0.0199	0.0699	0.1177	0.3479	2.9046	3
2016	0.4275	0.0290	0.1371	0.0572	0.3492	2.8718	3
2017	0.3826	0.0404	0.2233	0.0032	0.3506	2.8988	3

从 2007—2017 年的级别特征值的得分可以看，上海市水循环系统状态层面在 2007—2013 年归于等级 4，即不健康级别，在 2014—2017 年归于等级 3，即亚健康级别。上海市水循环系统状态层面级别特征值的变化趋势及各健康等级所占比例如图 6.7 和图 6.8 所示。

从 2007—2017 年的级别特征值和各健康等级所占比例变化趋势来看，状态层面的健康发展状态有所改善，但整体健康发展水平较低。级别特征值由 2007 年的 3.7543 下降到 2017 年的 2.8988。状态层面归属于非常健康等级的比例由 2007 年的 20% 上升到 2017 年的 38%；状态层面归属于病态等级的比例由 2007 年的 57% 下降到 2017 年的 35%；状态层面归属于其他健康等级的比例较小且变化较为无序。

造成上海市水循环系统状态层面如此变化的原因主要分为 3 个部分：水量、水质和水资源开发利用程度。水量指标受自然因素的影响较大，如产水系数（C13）、年径流深（C12）和地下水资源模数（C14）在评价年份的变化趋势较为一致，前两者基本维持在健康等级，后者维持在亚健康等级；人均水资源占有量（C16）的变化波动较大，在 2015 年

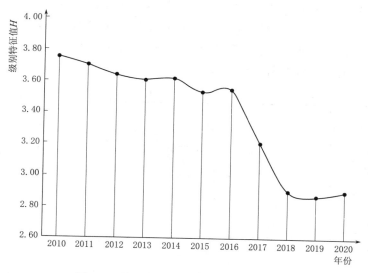

图 6.7 状态层面级别特征值的变化趋势

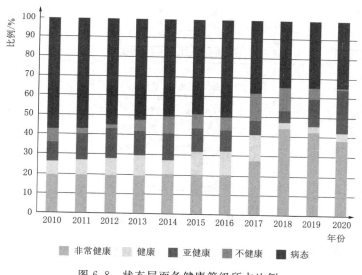

■ 非常健康　□ 健康　■ 亚健康　■ 不健康　■ 病态

图 6.8 状态层面各健康等级所占比例

和 2016 年处于不健康等级，在其他年份维持在病态等级。水质问题一直给上海市水资源系统带来巨大的压力[174,175]，但在 2007—2017 年来有所改善。城市饮用水水源地水质达标率（C19）、水功能区水质达标率（C21）呈现持续上升的趋势，也均在 2017 年都达到了最好的状态，分别归属于非常健康等级和亚健康等级。污染河流长度比例（C20）呈波动性下降的趋势，但在评价年份仍处于病态等级。河流总氮、总磷浓度、污染河流长度比例呈现持续下降趋势，它们在 2017 年都达到了最好的状态，分别归属于亚健康等级和不健康等级。上海水质改善的主要原因有两个：一是污染物负荷从城市中心转移到农村甚至其他地区[176]。二是为应对太湖富营养化和黄浦江的严重污染，上海市决定加大对长江水资源的依赖[177]。然而，这并不意味着上海市的水质问题已经得到解决，我们还需要全面推进污染减排工作，加大治理投入，以改善这一状况。在上海市社会经济快速发展的背景下，水资源开发利用率（C17）远远超过了水循环系统的承受能力，在评价年份处于病态等级，但是较好的情况是地下水利用程度（C18）情况很好，常年都处于非常健康的等级。状态层面各指标的变化趋势如图6.9所示。

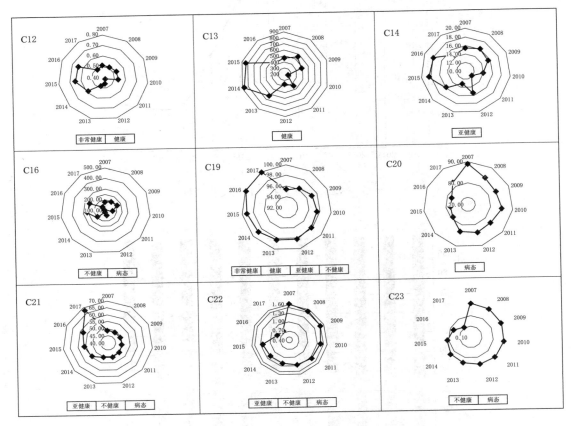

图 6.9　状态层面各指标值的变化趋势

（3）响应层分析。响应层面各评价指标的对应各级别的综合相对隶属度和级别特征值见表6.9。

表 6.9　　响应层面上海市水循环系统健康发展水平评价结果表（2007—2017 年）

年　份	非常健康	健康	亚健康	不健康	病态	级别特征值 H	健康等级
2007	0.1050	0.3299	0.1512	0.1194	0.2945	3.1684	3
2008	0.1110	0.4291	0.1314	0.0164	0.3122	2.9897	3
2009	0.1125	0.3761	0.2579	0.0484	0.2052	2.8578	3
2010	0.2236	0.2638	0.2523	0.0273	0.2330	2.7824	3
2011	0.3147	0.2419	0.2100	0.0359	0.1974	2.5593	3
2012	0.3229	0.2576	0.1678	0.1143	0.1374	2.4859	2
2013	0.3234	0.2925	0.1342	0.1196	0.1303	2.4409	2

年　份	非常健康	健康	亚健康	不健康	病态	级别特征值 H	健康等级
2014	0.3164	0.3318	0.1170	0.1060	0.1288	2.3990	2
2015	0.3253	0.3931	0.1030	0.0517	0.1270	2.2620	2
2016	0.4627	0.2833	0.0555	0.0722	0.1263	2.1162	2
2017	0.4826	0.2891	0.0664	0.0362	0.1257	2.0335	2

　　从 2007—2017 年的级别特征值的得分可以看，上海市水循环系统响应层面在 2007—2011 年归于等级 3，即亚健康级别，在 2012—2017 年归于等级 2，即健康级别。上海市水循环系统响应层面级别特征值的变化趋势及各健康等级所占比例如图 6.10 和图 6.11所示。

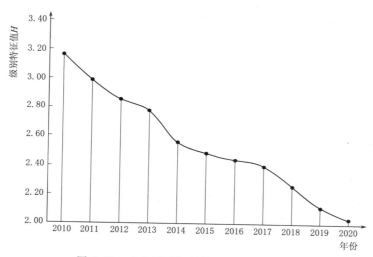

图 6.10　响应层面级别特征值的变化趋势

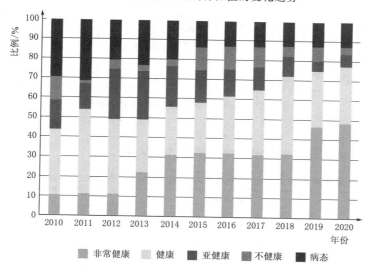

图 6.11　响应层面各健康等级所占比例及综合评价值的变化趋势

从 2007—2017 年的级别特征值和各健康等级所占比例变化趋势来看，上海市水循环系统响应层面的健康发展状态有了较大改善，整体健康发展水平也有了较大提高。级别特征值由 2007 年的 3.1684 下降到 2017 年的最佳值 2.0355。响应层面归属于非常健康等级的比例由 2007 年的 11％上升到 2017 年的 48％，增长了 4 倍；状态层面归属于病态等级的比例由 2007 年的 29％下降到 2017 年的 13％。

在上海市生态战略实施之后，响应层面各指标均有不同程度的增长。绿地覆盖率（C24）和工业重复用水率（C26）变化波动较小，始终维持在非常健康等级。第三产业产值占 GDP 比重（C25）持续增长，由 2007 年的 54.4％上升到 2017 年的 69.18％。生态用水比率虽然有了较大程度的提升，但仍处于病态等级。城市污水处理率从 2010 年开始由亚健康等级转变为健康等级，自 2015 年起又上升为非常健康等级。工业废水排放达标率自 2011 年起由健康等级转变为非常健康等级。随着上海市环境保护以及水资源管理力度的加大，水资源管理投资占 GDP 比例、环境保护投资占 GDP 比例均有了一定的提升，前者由不健康等级上升至健康等级，后者由病态等级上升至亚健康等级。从响应层面指标的变化可以看出，上海市生态战略的实施取得了一定的积极效果。响应层面各指标的变化趋势如图 6.12 所示。

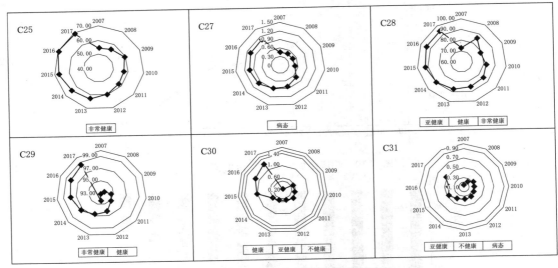

图 6.12　响应层面各指标值的变化趋势

2. 目标层评价结果

上海市水循环系统健康发展水平综合评价结果见表 6.10。

表 6.10　　**上海市水循环系统健康发展水平综合评价结果表（2007—2017 年）**

年　份	非常健康	健康	亚健康	不健康	病态	级别特征值 H	健康等级
2007	0.1862	0.2100	0.1335	0.0830	0.3872	3.2751	3
2008	0.1894	0.2514	0.1371	0.0221	0.4000	3.1918	3
2009	0.1608	0.2424	0.1831	0.0276	0.3860	3.2355	3
2010	0.2435	0.2014	0.1735	0.0333	0.3482	3.0414	3
2011	0.3113	0.1399	0.2163	0.0504	0.2821	2.8519	3

年 份	非常健康	健康	亚健康	不健康	病态	级别特征值 H	健康等级
2012	0.3327	0.1780	0.1442	0.0915	0.2536	2.7555	3
2013	0.3013	0.1798	0.1573	0.1015	0.2601	2.8393	3
2014	0.3725	0.2154	0.0873	0.1135	0.2113	2.5758	3
2015	0.4597	0.1790	0.0730	0.0830	0.2052	2.3950	2
2016	0.4966	0.1470	0.0758	0.0508	0.2297	2.3699	2
2017	0.4929	0.1480	0.1104	0.0207	0.2279	2.3428	2

从 2007—2017 年的综合级别特征值的得分可以看，上海市水循环系统在 2007—2014 年归于等级 3，即亚健康级别，在 2015—2017 年归于等级 2，即健康级别。上海市水循环系统综合评价值的变化趋势及各健康等级所占比例如图 6.13 和图 6.14 所示。

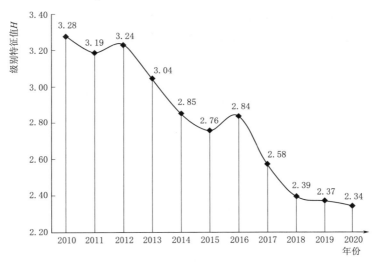

图 6.13 上海市水循环系统级别特征值的变化趋势

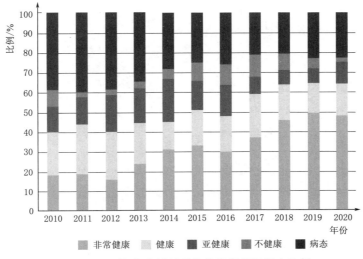

图 6.14 上海市水循环系统各健康等级所占比例

从 2007—2017 年的级别特征值和各健康等级所占比例变化趋势来看，上海市水循环系统的健康发展状态持续改善，级别特征值由 2007 年的 3.2751 下降到 2017 年的最佳值 2.3428。上海市水循环系统归属于非常健康等级的比例由 2007 年的 19％上升到 2017 年的 49％，增长了 2.6 倍；上海市水循环系统归属于病态等级的比例由 2007 年的 39％下降到 2017 年的 23％，后者仅为前者的近 1/2；上海市水循环系统归属于其他等级的比例变化较小。这表明等级 1 和等级 5 之间的相互转化是上海市水循环系统发展状态改善的主要原因。

学术界普遍认为，在城市发展过程中，水资源的配置不应破坏生态系统的可持续性[178]。从上海市水循环系统的发展状态来看，总体健康水平有所改善。然而研究表明，上海市经济发展与生态环境的耦合水平相对较低[179]，尤其是在 2014 年前，上海的水生态足迹一直是生态赤字[180]。这意味着上海的经济发展对水资源环境仍有一定的负面影响，尤其是用水结构的不合理和水质污染问题十分突出。因此，需要更有效的水管理措施，以减轻水循环系统发展的压力，改善水循环系统发展的状态。

第7章

城市水循环系统空间均衡评价研究

　　"空间"是一个常见的地理概念，它是一个由自然、经济、社会等要素构成的立体空间，其活动载体是不同地域内的自然和社会属性，其有效特征是对"空间"进行量化的关键。"均衡"是一种物质在其内部或与外部两个层面达到数量、质量等要素的相等、相适或者相一致的情况。而"空间均衡"是指在空间层面实现经济供应与需求的平衡，从而对空间结构进行分析。基于一般均衡理论的基本原理，由于不断的延伸和发展，空间均衡理论应运而生，并发展成为了有关区域贸易和经济增长空间均衡的相关理论。习近平总书记"节水优先、空间均衡、系统治理、两手发力"治水思路提出以后，"空间均衡"成为新时期保障国家水安全战略的重大原则之一，也是全面贯彻落实新发展理念的必然要求。

　　"空间均衡"在新时期治水方针中的重要内容主要包含两个方面：一是在资源和生态环境的承载范围内，进行人类的各种开发利用活动，以水土资源承载能力和环境容量作为刚性约束，实现人口规模、产业结构和增长速度的均衡发展；二是实现人口经济与资源环境发展的均衡，以人口经济和资源环境的平衡点为基准，达到共同发展的理想状态。在水利方面，其要义就是要把水资源、水生态和水环境承载能力作为刚性约束，促进人口布局和经济社会发展与水资源禀赋情况相适应。"空间均衡"的关键在于"以水定需"，结合地方的水土资源禀赋条件和可开发的水资源量，确保发展不会超过其合理的承载能力，正确界定经济社会发展的规模和大小。

　　水循环空间均衡是水资源可持续发展战略的重要内容，不仅影响着经济社会的健康发展，其作为生命共同体"山水林田湖草沙"的重要组分之一，也是实现生态文明建设、促进人水和谐发展的重要环节。因此，水循环空间均衡的研究并不仅仅为了实现水资源量的供需平衡，而是以"水资源-经济社会-生态环境"复合系统为研究对象。以"水资源-经济社会-生态环境"复合系统为基础，以水资源量为支撑，把经济社会和生态环境看作承载力，水资源的供需调节作为调控力来进行综合分析，以实现区域内水安全保障、水环境达标、水生态良好作为目的。

　　笔者认为水循环空间均衡的内涵可以理解为：在水资源、水生态、水环境承载能力作为刚性约束的基础上，在节水优先的前提下，通过水资源的供需调节，在时间、空间上实现"水资源-经济社会-生态环境"复合系统在供需两端的双重动态平衡。水循环空间均衡的发展是一个螺旋式上升的动态发展过程，空间均衡只是阶段性目标，最终目的是实现人水和谐和可持续发展。

7.1 水循环空间均衡研究方法

7.1.1 洛伦兹曲线

洛伦兹曲线是美国统计学家洛伦兹在 1905 年提出的概念，主要用来比较和分析国家或地区居民收入分配的均衡情况。根据居民收入高低，将其平均分成 10 个小组，每个小组的人数均占总数的 10%；然后计算各组收入与全体居民收入之比。把人口累积百分比作为横坐标，收入累积百分比作为纵坐标，由坐标轴上的点所画出的曲线称为洛伦兹曲线，如图 7.1 所示。

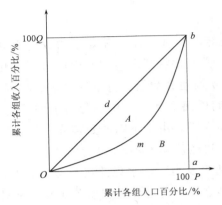

图 7.1　洛伦兹曲线图

洛伦兹曲线的特性如下：

（1）$P(0)=0$，$Q(0)=0$，即 0% 的人口的收入占总收入的 0%；而 $P(1)=1$，$Q(1)=1$，即 100% 的人口的收入占总收入的 100%。

（2）当洛伦兹曲线为 45°角的线段 odb 时，人口比重增加一个单位，相应的收入比重也增加一个单位，这表明每个人的收入相同，即收入分配是绝对平均的，线段 odb 为绝对平均线。

（3）当洛伦兹曲线为 oab 折线时，人口比重增加到 100% 前，收入比重保持 0 不变，当人口比重为 100%，收入比重也为 100%，说明所有收入集中在一个人手里，即社会收入分配绝对不平均，折线 oab 为绝对不平均线。

（4）洛伦兹曲线是一条分布曲线，洛伦兹函数 $Q=Q(P)$ 是一个分布函数。

7.1.2 基尼系数

洛伦兹曲线的优势在于能够借助图形化来展示收入分配的不均衡情况，但是无法进行定量的研究和分析，因此在洛伦兹曲线的基础上，意大利统计学家基尼提出了基尼系数，作为一种衡量社会收入不公平情况的量化指标，其公式如下：

$$G=\frac{A}{A+B} \tag{7.1}$$

式中：G 为基尼系数；A 为实际曲线与绝对平均线之间的面积；B 为实际曲线与绝对不平均线之间的面积，如图 7.1 所示。

该式的含义是指基尼系数决定于绝对平均线与实际洛伦兹曲线所包围的面积 A 占绝对平均线与绝对不平均线之间的面积 $A+B$ 的比重，基尼系数与 A 成正比，而与 B 成反比。其取值范围介于 0 和 1 之间，即 0 到 100%，并且伴随着洛伦兹曲线的弯曲程度增大，说明了社会收入差距的扩大。当 $G=1$ 时，表明洛伦兹曲线重合于绝对不平均线，收入分配表示为绝对不平均，即社会的全部收入集中在个体手里，这是一种极端情况，是不存在的；而当 $G=0$ 时，洛伦兹曲线则重合于绝对平均线，收入分配表现为绝对平均，即居民之间没有任何差别，这是另一种不可能发生的极端情况。联合国有关组织总结了基尼系数的大小与其评价结果之间的对应关系，见表 7.1。

表 7.1　　　　　　　　　　　　基尼系数与评价结果间的对应关系

基尼系数	<0.2	0.2～0.3	0.3～0.4	0.4～0.5	>0.5
评价结果	绝对平均	比较平均	相对合理	差距较大	差距悬殊

本书采用基于洛伦兹曲线的基尼系数法，通过计算河南省水循环与耕地资源、水循环与人口、水循环与区域生产总值的基尼系数，对于河南省水循环分配不均衡的情况进行整体分析；随后再根据水循环评价指标搭建水循环评估模型，对于河南省各行政区进行具体分析，计算各地级市水循环空间均衡系数，划分其均衡等级。

7.2　水循环空间均衡评估模型构建

1. 步骤 1——划分研究对象并进行相关数据的搜集整理

将待研究的区域划分为若干子区域，本书按河南省所管辖的地市尺度划分为 18 个子区域。对不同子区域内的相关研究数据进行搜集和整理，例如水资源总量、区域生产总值、耕地面积和人口布局等数据。

2. 步骤 2——建立水循环空间均衡评价指标体系

水循环空间均衡是指在水资源、水生态、水环境承载能力作为刚性约束的基础上，在节水优先的前提下，通过水资源的供需调节，在时间、空间上实现"水资源-经济社会-生态环境"复合系统在供需两端的双重动态平衡。因此，水循环空间均衡问题的研究，应从水资源承载能力、水土资源匹配和水资源利用效益入手，建立水循环空间均衡评价模型，并通过计算水循环空间均衡系数，对于地区的水循环空间均衡情况进行评估分析。

（1）水资源负载指数。水资源负载指数最早适用于干旱和半干旱地区，利用降水、人口分布与农业灌溉面积与水资源之间的关系，反映水资源在时空分布、利用程度以及水资源开发等方面的困难程度。现在一般利用国内生产总值来代替农业灌溉面积，反映一定区域内水资源、人口分布和经济发展之间的关系，具体计算公式如下：

$$C = \frac{K\sqrt{RZ}}{W} \tag{7.2}$$

式中：C 为水资源负载指数，其数值越大说明水资源的开发利用程度也越高，水资源的开发难度也随之增加，因此需要采取调水的方式来缓解人与水的矛盾，实现人水和谐发展；K 为降水系数；R 为人口，万人；Z 为区域生产总值，亿元；W 为水资源总量，亿 m^3。

K 作为降水系数，在不同的降水条件下 K 值不同，其范围及公式如下：

$$K = \begin{cases} 1.0 & (P \leqslant 200 \\ 1.0 - 0.1 \times \dfrac{P-200}{200} & (200 < P \leqslant 400) \\ 0.9 - 0.2 \times \dfrac{P-400}{400} & (400 < P \leqslant 800) \\ 0.7 - 0.2 \times \dfrac{P-800}{800} & (800 < P \leqslant 1600) \\ 0.5 & (P > 1600) \end{cases} \tag{7.3}$$

式中：P 为全年降水量，mm。

为了可以直观反映区域内水资源的时空分布、利用程度以及水资源的利用状况，将水资源负载指数划分为 5 个级别，以便于对结果进行整理和观察，其等级划分见表 7.2。

表 7.2 水资源负载指数分级

等级	C 值	水资源开发利用强度及开发潜力	水资源开发评价描述
1	$\geqslant 100$	很高，潜力很小	艰巨、有条件时需外流域调水
2	$[50, 100)$	高，潜力小	开发条件很困难
3	$[20, 50)$	中等，潜力较大	开发条件中等
4	$[10, 20)$	较低，潜力大	开发条件较容易
5	$[0, 10)$	低，潜力很大	兴修中小工程，开发容易

（2）水土资源匹配系数。本书采用水土资源匹配系数作为衡量区域内水土资源匹配关系的评价指标，其基本含义是指单位耕地所分配的水资源量，反映了该地区水资源与耕地资源的匹配情况和耕地资源对水资源的利用状况。数值越大，则该区域内水资源含量越丰富，对其农业发展越有利；相反若数值越小，则不利于该地区的农业生产活动，即该区域内水资源量相对贫乏，而水资源作为维持和促进农业发展的关键性因素和基本要素，水资源量匮乏不利于该地区的农业健康。

河南省各地市尺度的水土资源匹配系数计算公式如下：

$$R_i^{wl} = \frac{W_i \alpha_i}{L_i} \quad (i = 1, 2, \cdots, n) \tag{7.4}$$

式中：R_i^{wl} 为第 i 个地市的水土资源匹配系数，万 $\mathrm{m}^3/\mathrm{hm}^2$；$W_i$ 为第 i 个地市的水资源总量，万 m^3；α_i 为第 i 个地市农业用水量占总用水量的比例；L_i 为第 i 个地市的耕地面积，hm^2；n 为地市个数。

河南省尺度的水土资源匹配系数计算公式如下：

$$R^p = \frac{\sum\limits_{i=1}^{n} W_i \alpha^p}{\sum\limits_{i=1}^{n} L_i} \tag{7.5}$$

式中：R^p 为河南省水土资源匹配系数，万 $\mathrm{m}^3/\mathrm{hm}^2$；$\alpha^p$ 为河南省农业用水量占总用水量的比例。

简化后的水土资源匹配系数计算公式如下：

$$R = \frac{\alpha W}{L} \tag{7.6}$$

式中：R 为水土资源匹配系数，万 m^3/hm^2；α 为农业用水资源占水资源总量的比例；W 为水资源总量，万 m^3；L 为耕地面积，hm^2。

（3）水资源利用效益。本书以单方水 GDP 产值来作为水资源利用效益的评价指标，并用来反映我国经济社会发展与水资源利用的匹配情况。区域经济发展程度越高，水资源利用效益就越高，单方水 GDP 产值也相应越大，越有利于人水和谐和可持续发展；相反，区域经济发展程度越低，其单方水 GDP 产值就相应越小，需要提高节水意识和用水技术，实现高效率的用水模式。单方水 GDP 产值的计算公式如下：

$$E_w = Z_w = \frac{Z}{W_s} \tag{7.7}$$

式中：E_w 为水资源利用效益；Z_w 为单方水 GDP 产值，元$/m^3$；W_s 为供水量，亿 m^3。

3. 步骤 3——选取基尼系数的计算公式，计算各项基尼系数

基尼系数最初作为一种判断收入分配公平程度的指标，现在经常被用于比较和分析研究对象的总体匹配程度。计算基尼系数的方法主要包括协方差法、基尼平均差法、矩阵法和几何法等，综合考虑数据的精度要求及计算的实用性和简便性，本书采用梯形面积法求取河南省水循环与耕地资源、水循环与人口、水循环与区域生产总值的基尼系数，其计算公式如下：

$$G = 1 - \sum_{i=1}^{n} (X_i - X_{i-1})(Y_i + Y_{i-1}) \tag{7.8}$$

式中：G 为基尼系数；X_i 为区域水资源量的累计百分比；Y_i 为区域耕地资源（人口分布、生产总值）的累计百分比；n 为组数。当 $i=1$ 时，(X_i, Y_i) 视为 $(0, 0)$。

4. 步骤 4——指标权重的确定

在构建水循环空间均衡评估模型的过程中，水资源负载指数、水土资源匹配系数和水资源利用效益 3 个评价指标之间的关系是计算水循环空间均衡系数的关键。本书运用层次分析法与德尔菲法相结合的方式，确定水资源负载指数的权重为 0.18、水土资源匹配系数的权重为 0.69、水资源利用效益的权重为 0.13。

5. 步骤 5——建立基于洛伦兹曲线和基尼系数的水循环空间均衡评估模型

为了便于直观地描述和了解该区域内水资源的禀赋条件与空间分布的均衡程度，并对造成该地区水资源时空分布失衡和开发利用不均的主要原因进行分析，因此构建水循环空间均衡评估模型，引出水循环空间均衡系数 D 的概念。根据公式计算出河南省各行政区的评价指标，然后进行无量纲化处理，求出水循环空间均衡系数。计算公式如下：

$$Y = \sum_{j=1}^{m} \alpha_j I_j \tag{7.9}$$

式中：Y 为系统多要素的综合评价指标；I_j 为系统第 j 个要素指标，本书主要指标为水资

源负载指数基尼系数、水土资源匹配系数基尼系数和水资源利用效益基尼系数；α_j 为第 j 个要素指标的权重且满足 $\sum \alpha_j = 1$；m 为系统要素指标的个数，本书中 $m = 3$。

根据水循环空间均衡系数的计算结果，可将其划分为若干等级，见表 7.3。

表 7.3　　　　　　　　　　　水循环空间均衡系数等级划分

水循环空间均衡系数	均衡等级	水循环空间均衡系数	均衡等级
[0, 0.2)	Ⅰ（绝对均衡）	[0.6, 0.8)	Ⅳ（中度失衡）
[0.2, 0.4)	Ⅱ（比较均衡）	[0.8, 1]	Ⅴ（严重失衡）
[0.4, 0.6)	Ⅲ（一般失衡）		

7.3　案例研究

本章以河南省 18 个地级市为研究对象，通过水资源总量、耕地面积、人口分布和区域生产总值等系列资料，结合水循环空间均衡评价指标体系和水循环空间均衡评价模型，计算河南省各行政区水循环空间均衡系数，划分其均衡等级。所有数据均来源于河南省政府历年公布的水资源公报和统计年鉴。

7.3.1　河南省概况

河南介于东经 $110°21'\sim116°39'$ 和北纬 $31°23'\sim36°22'$ 之间，位于我国中部，黄河中下游地区，其东接安徽、山东，北界河北、山西，西连陕西，南临湖北，地势西高东低，中部和东部为广阔的平原区域。全省总面积约 16.7 万 km^2，占国土总面积的 1.73%，其中河南省平原盆地和山地丘陵分别占全省总面积的 55.7% 和 44.3%。下辖 18 个地级市。

河南省是北亚热带—暖温带的大陆性季风气候，从东到西从平原到山地丘陵气候进行过渡，大多数区域为暖温带，南部为亚热带，具有四季分明、雨热同期、复杂多变、气候灾害频发等特点。全省的平均气温为 12.9～16.5℃，年降雨量在 464.2～1193.2mm，年平均日照时长为 1505.9～2230.7h，土壤含水量和日照时长适宜，非常利于进行农业生产生活。

2020 年年末，全省总人口 11526 万人，常住人口 9941 万人，人口密度约 595 人 km^2。2020 年，全省 GDP 达 54997.07 亿元，同比增长 1.3%，经济总量位于中部第一，保持全国第五。全省耕地面积 11271.10 万亩，人均耕地 0.98 亩，2020 年粮食产量 1365.16 亿斤，占全国的 10.2%，在各省份中位居第二位，是全国主要产粮基地和农业重点区域。

河南省从北向南跨越了海河、黄河、淮河和长江四大流域，省域范围内有 1500 多条河流，全省水资源总量约 403.53 亿 m^3。但是水资源情势较复杂，水资源分布与土地资源和生产力布局时空分布不均，人均水资源量约为 $368m^3$，不足全国平均水平的 1/5，属于严重缺水省份。

7.3.2 水资源分布状况

2020 年河南省水资源总量为 408.59 亿 m³，其中地表水资源量 294.85 亿 m³，地下水资源量 189.37 亿 m³，重复计算量 75.63 亿 m³，水资源总量比多年均值增加了 1.3%。省辖黄河、长江、淮河、海河流域内水资源总量分别为 42.00 亿 m³、58.27 亿 m³、289.69 亿 m³、18.63 亿 m³。与多年均值相比较，黄河流域减少 28.3%，长江流域减少 18.3%，淮河流域增加 17.7%，海河流域减少 32.5%。

2020 年河南省年降雨量约 874.3mm，折合降水总量 1447.3 亿 m³，较 2019 年增加 65.2%，与多年均值相比较增加了 13.4%，属于偏丰年份。全年汛期 6—9 月降水量 587.5mm，占全年的 67.2%；非汛期降水量 286.8mm，占全年降水量的 32.8%，与多年均值基本持平。全省 17 个省辖市和济源示范区 2020 年降水量与多年均值相比较，降水量偏多的地区主要分布在豫东、豫南和豫西南；降水量偏低的地区主要分布在豫北、豫西及中部地区。2020 年河南省各市级行政区及流域年降水量详情见表 7.4，全省历年降水量变化情况如图 7.2 所示。

表 7.4　　　　2020 年河南省各市级行政区及流域年降水量

行政区/流域区	年降水量/mm	与 2019 年相比（±%）	与多年均值相比（±%）
郑州	583.3	21.5	−6.8
开封	707.3	53.9	7.4
洛阳	645.0	1.7	−4.4
平顶山	818.7	49.6	0.0
安阳	536.4	28.4	−9.9
鹤壁	509.8	25.9	−19.0
新乡	621.3	68.2	1.6
焦作	590.0	57.2	−0.1
濮阳	548.5	33.6	−2.4
许昌	689.5	29.5	−4.2
漯河	894.0	62.0	15.8
三门峡	610.2	−2.3	−9.7
南阳	947.4	80.1	14.6
商丘	945.2	79.9	30.7
信阳	1568.7	135.8	41.9
周口	926.3	99.7	23.1
驻马店	1053.6	104.7	17.5
济源	588.8	2.1	−11.9
全省合计	874.3	65.2	13.4
四大流域			
海河	557.6	44.6	−8.6

行政区/流域区	年降水量/mm	与2019年相比(±%)	与多年均值相比(±%)
黄河	604.7	10.6	−4.5
淮河	1023.3	87.6	21.5
长江	936.8	75.1	13.9

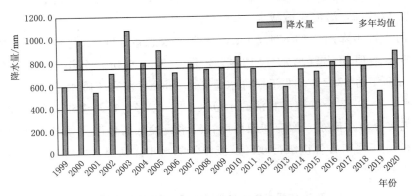

图7.2 河南省历年降水量变化图

2020年全省总供水量237.14亿m³，其中地表水源供水量120.79亿m³，地下水源供水量105.77亿m³，集雨及其他非常规水源供水量10.58亿m³，分别占总供水量的50.9%、44.6%和4.5%。全省年度总用水量237.14亿m³，其中农业用水123.45亿m³，工业用水35.59亿m³，生活用水43.12亿m³，生态环境用水34.98亿m³，分别占总用水量的52.0%、15.0%、18.2%和14.8%。2020年全省人均综合用水量为239m³；万元GDP用水量为30.5 m³；农田灌溉亩均用水量为165 m³。2020年河南省各市级行政区用水指标详情见表7.5。

表7.5　　　　　　　　　　　　2020年河南省各行政区用水指标　　　　　　　　　　单位：m³

行政区	人均综合用水量	万元GDP用水量	农田灌溉亩均用水量
全省	239	30.5	165
郑州	164	8.1	143
开封	322	44.0	146
洛阳	211	19.5	186
平顶山	215	23.3	117
安阳	275	49.3	201
鹤壁	278	33.5	192
新乡	319	52.8	248
焦作	338	40.6	261
濮阳	352	58.5	228
许昌	207	15.1	116
漯河	229	26.3	110

行政区	人均综合用水量	万元 GDP 用水量	农田灌溉亩均用水量
三门峡	190	19.7	201
南阳	292	55.5	218
商丘	172	36.4	130
信阳	313	49.0	189
周口	207	48.3	134
驻马店	135	23.9	66
济源	385	28.7	322

7.3.3　经济社会发展状况

利用耕地面积的大小，可以用来度量一个地区的农业发展水平，而人口数量和区域生产总值可以用来衡量区域内的实际发展情况，在此基础上结合水资源量，可以定量地评价各地区发展的均衡性。2020 年，全省各市的灌区面积分布与全省的地势差异有一定的关系。位于豫东的商丘市、驻马店市和周口市，地势平坦，多为平原，有较多的耕地资源；而豫西北地区的三门峡市和焦作市，则是山地和丘陵地形居多，耕地资源开发与利用困难，土地开垦程度较低。

2020 年河南省人口规模最大的地市是省会城市郑州，其常住人口约 1262 万人，之后为南阳市和周口市，其常住人口分别为 972 万人，905 万人；与济源市和鹤壁市的 73 万人和 157 万人相比，存在较大的差异，人口数量区域分布不均。

从区域生产总值中可以看出一个地区的经济健康状况与发展情况，通过纵向比较河南省 2000—2020 年的 GDP 数据可以看出其从 2000 年的 5052.99 亿元持续增长到 2020 年的 54997.07 亿元，呈现出持续增长的变化趋势，如图 7.3 所示。其中郑州市居于榜首，2020 年生产总值约 12003.04 亿元，其次是洛阳市 5128.36 亿元和南阳市 3925.86 亿元；而鹤

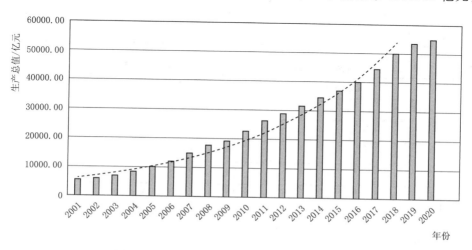

图 7.3　2000—2020 年河南省生产总值变化图

壁市、济源市仅有 980.97 亿元和 703.16 亿元，其区域分布差异性较大。河南省 2020 年各地级市生产总值空间分布如图 7.4 所示。

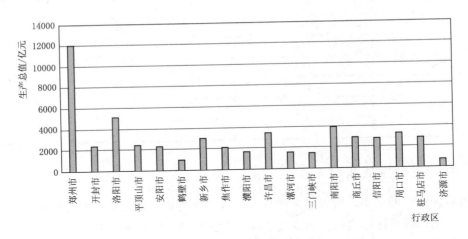

图 7.4　河南省 2020 年各地级市生产总值分布图

7.3.4　数据计算

根据前述计算公式和统计数据，可以计算得到 2020 年河南省水循环与耕地资源、水循环与人口、水循环与区域生产总值的基尼系数见表 7.6。同时，通过构建的水循环空间均衡评估模型，计算得到的 2020 年河南省 18 个地市的水资源负载指数 C、水土资源匹配系数 R 和水资源利用效益 Z_w 及各地市的水循环空间均衡系数 D 见表 7.7。

表 7.6　　　　　　　　2020 年河南省水资源分布的基尼系数及评价结果

匹配指标名称	基尼系数	评价结果
水循环-耕地资源	0.3433	相对合理
水循环-人口分布	0.4850	差距较大
水循环-区域生产总值	0.5784	差距悬殊

表 7.7　　　　　　　　河南省行政区水循环空间均衡系数及计算指标

行政区	C	无量纲化 C	R	无量纲化 R	Z_w	无量纲化 Z_w	D
郑州	366.25	0.99	0.05	0.01	578.82	0.99	0.32
开封	75.50	0.20	0.14	0.11	152.54	0.06	0.32
洛阳	75.44	0.19	0.14	0.11	343.68	0.48	0.38
平顶山	51.73	0.13	0.12	0.08	229.05	0.23	0.32
安阳	115.73	0.31	0.12	0.09	152.99	0.06	0.31
鹤壁	159.45	0.43	0.10	0.06	224.63	0.22	0.34
新乡	104.57	0.28	0.14	0.12	150.93	0.06	0.34
焦作	98.72	0.26	0.21	0.19	178.26	0.12	0.43

行政区	C	无量纲化 C	R	无量纲化 R	Z_w	无量纲化 Z_w	D
濮阳	158.46	0.42	0.09	0.05	124.25	0.01	0.21
许昌	124.77	0.33	0.09	0.05	379.33	0.56	0.33
漯河	56.29	0.14	0.19	0.17	289.90	0.36	0.42
三门峡	47.84	0.12	0.24	0.23	376.22	0.55	0.45
南阳	22.24	0.05	0.32	0.33	138.67	0.03	0.37
商丘	41.76	0.10	0.21	0.20	217.29	0.20	0.41
信阳	5.04	0.01	0.88	0.99	143.62	0.04	0.39
周口	37.61	0.09	0.25	0.24	174.62	0.11	0.42
驻马店	17.66	0.03	0.29	0.29	302.73	0.39	0.41
济源	78.00	0.20	0.21	0.20	250.77	0.28	0.46
全省	39.00	0.09	0.26	0.26	231.88	0.24	0.45

7.3.5 结果分析

1. 洛伦兹曲线和基尼系数

基于上述数据，绘出 2020 年河南省水循环与耕地资源、水循环与人口、水循环与区域生产总值的洛伦兹曲线如图 7.5～图 7.7 所示，其基尼系数分别是 0.3433、0.4850 和 0.5784。

根据图 7.5，水循环-耕地资源基尼系数计算结果 $G=0.3433$，由上述基尼系数的区段划分可知，河南省水循环与耕地资源的匹配程度处于正常水平，在现有水循环与耕地资源的情况下，两者的空间分布为相对合理的状态。但部分地区也存在着相对不合理的情况，例如信阳市占有全省 32.61% 的水资源量，仅灌溉了全省 10.42%

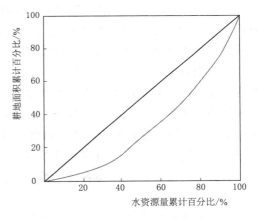

图 7.5 水循环-耕地资源洛伦兹曲线

的耕地；相反，商丘市和周口市灌溉了全省 8.78% 和 10.53% 的耕地，却仅占全省 5.88% 和 7.47% 的水资源量。其基尼系数位于 0.3～0.4 的相对合理界限内，即把河南省作为一个整体，其水土资源的空间匹配状态处于正常水平，但是区域内部也有部分地区水土资源空间匹配状况较差，需要进行合理安排和统筹规划，使河南省水土资源的空间匹配状态可以恢复到比较平均的水平。

根据图 7.6，河南省水循环与人口数量的基尼系数 $G=0.4850$，水资源与人口的分布差距较大，即河南省水资源与人口的空间匹配状态不合理，接近 0.5 的警戒线，需要引起重视。从水循环-人口分布的洛伦兹曲线可以看出，其弯曲程度较大，多个市出现人多水少的局面。例如郑州市作为河南省的省会，拥有全省 12.69% 的常住人口，但是仅占据了全省 2.10% 的水资源量；而信阳占据了全省 32.61% 的水资源量却仅拥有 6.28% 的常住人

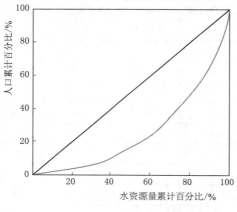
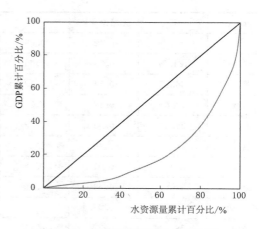

图 7.6　水循环-人口洛伦兹曲线　　　　　图 7.7　水循环-GDP 洛伦兹曲线

口,地区之间差距较为悬殊。由于人口分布具有趋向性,多数人集中在经济发展较为发达地区,因此水资源与人口分布之间必然会存在一定的差异,需要采取相对应的措施进行水资源调节和人口分流。

根据图 7.7,河南省水循环与生产总值的基尼系数 $G=0.5784$,由基尼系数的区段划分可知,河南省水资源与生产总值的分布差距悬殊,已经超过了 0.5 的警戒线,其空间匹配状态极不合理,需要引起高度重视。从搜集数据可以看出,郑州市和洛阳市的生产总值分别占全省的 21.83% 和 9.33%,但是仅占有全省 2.10% 和 4.8% 的水资源量;与之相对应的是信阳市和南阳市,占有了全省 32.61% 和 14.26% 的水资源量,而生产总值却仅占全省的 5.10% 和 7.14%。河南省人口数量和生产总值的空间分布较为接近,基尼系数 $G=0.1888$,处于绝对平均状态,由此可以证明上述人口分布的趋向性。因此,采用必要措施缓解水资源与生产总值空间分布的不均衡性,促进各地区经济的均衡发展,不仅有利于经济社会的健康发展,还有利于缓解水资源与人口分布的不均衡性。

2. 水资源负载指数

河南省全省有 1/3 的行政区的水资源负载指数超过 100,即区域水资源的开发利用强度很高,但是水资源的开发潜力较小,需要外部调水来缓解区域用水紧张。河南省多数城市面临巨大的水资源压力,其时空分布、开发利用与人口布局和区域经济发展之间存在不协调的关系。豫北、豫西和中部地区降水量较少,而人口多集中于中部地区,其中郑州市水资源负载指数最大,其数值远超过 300,该地区人口分布集中、密度大,而水资源量和降水量相对不足,全市总供水量远大于其水资源总量,时空分布极不均匀。鹤壁市、濮阳市和安阳市的水资源总量和降水量少,而农业用水占比均在 50% 以上,是造成水资源开发利用率高的主要原因,因此提高农业用水的利用率和灌溉效率是降低其水资源负载指数的必要措施。豫南、豫东和豫西南地区的水资源负载指数相对较小,像信阳市、南阳市和驻马店市等地区的水资源禀赋条件较好,人均水资源占有量在全省平均水平以上,水资源负载指数低,有一定的开发潜力。但是豫西、豫西南地区山地丘陵分布较多,由于地形影响,开发利用率低,开发难度较大。

水资源负载指数能够反映出一个地区水资源开发与利用的难易程度，如果该地区的水资源利用程度较高，其数值也会相应越大，一个区域内的水资源量是有限的，因此水资源继续开发利用的潜力就相对变小，水资源压力越大。通过对河南省各市水资源负载指数的分析，发现其具有北高南低的特征，符合河南省平均降水量的分布。其中，省会城市郑州市的水资源负载指数最大，而鹤壁市、濮阳市、许昌市以及安阳市、新乡市等地的水资源负载指数均达到了 100 以上。尽管南水北调等大规模调水工程为地区供水带来了一定程度的缓解，但河南省的水资源问题依旧严峻。因此，河南省水资源管理的重点仍是如何有效地控制水资源的开发和利用，以提高水资源的利用效率，同时将人类的发展活动限制在资源和环境的承受能力之内。

3. 水土资源匹配系数

水土资源匹配系数反映了该地区的水资源与耕地资源的匹配情况以及耕地资源对水资源的利用状况，其数值越大，则该区域内水资源含量越丰富，对其农业发展越有利。2020年河南省水土资源匹配系数为 0.26，从 18 个地级市来看，豫南的信阳市、南阳市和驻马店市水土资源匹配系数高于全省平均水平，其余 15 个地市均低于全省平均水平。其中，信阳市水土资源匹配系数最高，原因是该地区的水资源量丰富，占有全省的 32.61%，而耕地资源仅占全省的 10.42%，水资源与耕地的空间分布不协调。政府应该大力发展农田水利设施，制定政策支持农业发展，充分利用水利资源。豫北地区的水土资源匹配系数相对较低，像濮阳市、鹤壁市、平顶山市和安阳市等地，其水资源量分布较低，但是耕地资源较为丰富，政府应该发展节水技术，提高水资源的利用率。中部的郑州市水土资源匹配系数最低，原因是其人口分布相对密集，产业分布集中，水资源多用于生活用水和工业用水，农业用水仅占比 17.75%，为全省最低水平。政府应该充分发挥南水北调工程和其他配水工程的作用，以缓解农业用水压力，缓解缺水状况。

2020 年河南省 18 个地市中水土资源匹配系数最大的是信阳市，0.88 万 m^3/hm^2；最小的是郑州市，0.05 万 m^3/hm^2，其最值与省域尺度的匹配系数 0.26 万 m^3/hm^2 相比有显著差异。河南省作为全国主要产粮基地和农业重点区域，要充分重视省内城市之间的水土资源匹配，合理解决水资源和耕地资源在空间布局上的差异性，实现河南省农业可持续发展以及水土资源的高效利用。

4. 水资源利用效益

郑州市作为河南省的省会城市，其水资源利用效益居全省首位，区域生产总值占全省21.83%，而仅占有全省 8.74% 的供水量。与之相对的是南阳市和信阳市，拥有全省11.94% 和 8.24% 的水资源量，却仅贡献了全省 7.14% 和 5.10% 的生产总值。水资源利用效益的高低与区域经济社会的发展存在着一定的关系，河南省不同地市生产总值的空间分布不均，多集中于中部地区，例如郑州市及其周边的许昌市、洛阳市等地，但是其水资源量相对较低，无法满足发展要求，所以供水量相对较大，水资源利用效益较高。

河南省水资源与区域生产总值的基尼系数 $G = 0.5784$，空间匹配状态极不合理，水资源丰富地区发展程度欠佳，而人口和产业多集中分布于个别城市，虽然其水资源利用效益较为合理，但其区域生产总值数额较大，水资源短缺现象仍不可忽略。采取必要措施，合理调节地区之间的水资源供需平衡，提高居民和企业的节水意识和节水技术，对推动水资源可持续利用和生态文明建设至关重要。

5. 水循环空间均衡系数

河南省 2020 年水循环空间均衡状态为一般失衡且各地市水循环空间均衡具有一定的空间差异。豫西的三门峡市和洛阳市水资源状况不佳，全年平均降水量较低，水资源的开发利用存在一定难度，必须从外部调水来缓解区域内水资源压力，其空间均衡状态最差，为中度失衡；而豫北和豫东地区则多为比较均衡的状态；其余地区如郑州市，人口和经济增长速度较快，水资源消耗量增长较为迅速，水循环空间均衡状况较差，虽然有相应的水资源配置计划和调水工程，仍表现为一般失衡；像驻马店市、南阳市等地水资源含量较为丰富，农业在经济结构中比重较大，水循环与耕地资源的空间匹配程度较好，但是水资源的开发利用程度较低，水循环空间均衡状态表现为一般失衡。

第8章

水循环系统与经济增长脱钩关系研究

水的社会循环是保障社会经济平稳发展的必要前提，世界的运转是建立在水的基础上。我国水资源分布不均，黄河流域水资源短缺问题尤为严重，以水足迹理论为视角调查研究黄河流域水资源利用状况，有利于探究水资源的利用方向。结合脱钩理论与水足迹的研究探索黄河流域水资源利用与经济增长之间的关系，对于规范水资源的使用意义重大，是水循环系统健康发展内涵的重要延伸。

8.1 模型构建基础

8.1.1 水足迹理论

水足迹包含了水的类型、用水的时间以及地点，是一个多层面指标。国际上通用两种水足迹模型：一种是 Hoekstra – WFN 模型，另一种是国际标准组织 ISO – LCA 模型。水足迹作为个人或国家的消费的所有商品和服务背后的用水指标，慢慢地开始与其他领域相结合，比如综合水资源管理等，整合到了更广泛的环境和经济领域中。

水足迹的概念问世的时候，就在学术界引起了极大的反应，水足迹概念并不是被所有人都接受的，它的提出引发了人们的争论，对于水足迹能够为研究带来什么影响，提供什么实质性的便利抱有争议。随着研究领域的不断成熟，慢慢发现了越来越多的水足迹的优点。水足迹与脱钩理论经过国内外学者不断地探索，已发展较为成熟，应用也更加广泛。不同于传统的用水评价指标，它不仅包括生产者和消费者的直接用水，也包括间接用水，同时它又可以划分为 3 类：绿水、蓝水和灰水。传统的水资源管理思路认为，水资源的消耗和污染就是简单的加法运算，分别等于各种水资源需求和污染之和，而水足迹就像是一座桥梁，沟通了水资源整体消耗、污染与商品消费类型、数量，并使得提供消费者产品和服务的全球经济结构与之相联系。它考虑了水的消耗量和污染量以及其时空分布会受到生产和供应链的组织方式及特征的影响。

水足迹包括绿水足迹、蓝水足迹和灰水足迹，分别是人们使用绿水、蓝水和灰水的指标。传统水资源分析注重蓝水，而对绿水没有足够重视，绿水对植物来说相当重要，它是使陆地生态系统保持平衡的"好伙伴"。它指的是降水中那些未形成径流或是成为地下水，只是储存于土壤或植被表面的水，因此绿水足迹与植物生长有关，也就与农业和林业密切相关；蓝水足迹是指一定时间内地表水和地下水的消耗量，其中最重要的一部分"耗水"是蒸发水，但水是可循环的，"耗水"并不意味着水的消失，它是指在一定时间段不能回到原流域的可用水量，以此来衡量蓝水量；灰水足迹是衡量某一过程水污染程度的指标，它以自然本底浓度和现有的环境水质标准为基准，指的是在当时的自然水质的基础上将一定的污染负荷稀释至环境水质标准所需要的水量。

水足迹的研究是对传统水资源评价的进一步发展，传统水资源研究只关心用水量，而水足迹引入了时间的维度。当前，企业和政府对以水足迹评价为基础制定可持续用水战略和政策越来越感兴趣。目前我国的水足迹研究主要集中在农业和工业方面，主要是对某个城市、省份或流域进行研究。水足迹的核算方法也越来越完善，计算范围也越来越大，又逐渐与脱钩理论相结合，开始以水足迹的视角研究水资源利用与经济增长之间的关系。

8.1.2　脱钩理论

脱钩（decoupling）理论是经济合作与发展组织（OECD）提出的形容阻断经济增长与资源消耗或环境污染之间联系的基本理论。20 世纪末，OECD 开始将其使用在农业发展研究中，随后逐步扩展至环境与经济领域上面。脱钩理论表明了经济发展与水资源利用之间存在的两种关系，一种是耦合，另一种是脱钩，当水足迹与经济同时增长时称为耦合；当经济增长而水足迹没有变化或减少时则称为脱钩。根据经济增长与水足迹在同一时期增长弹性变化情况，脱钩理论又分为相对脱钩和绝对脱钩两种情况，当水资源利用量增长速度慢于经济增长速度时为相对脱钩；当经济持续增长而水资源利用量增长为零或出现负增长时则为绝对脱钩。

根据环境库兹涅茨曲线，当一个国家经济发展水平较低的时候，环境污染的程度较轻，但是随着人均收入的增加，环境污染由低变高，环境恶化程度随经济的增长而加剧；当经济发展达到一定水平后，即到达某个临界点或称"峰值"以后，随着人均收入的进一步增加，环境污染又由高趋低，其环境污染的程度逐渐减缓，环境质量逐渐得到改善。但是环境压力不会自己降低，要想环境压力与经济发展呈现倒 U 形关系，必须进行人为干预（例如采取一些新技术、新政策），这一过程就是脱钩。本书要分析的正是影响水资源利用率的因素，如何达到高质量用水的经济发展。

8.2　黄河流域水足迹分析

8.2.1　流域水足迹核算

本次研究中将流域水足迹分为两部分，一部分是流域内水足迹，另一部分是流域虚拟水进口。

$$WF = WF_i + V_i \qquad (8.1)$$

式中：WF 为流域总水足迹；WF_i 为流域内总水足迹，表示在该流域内生产的产品或服务所消耗的水资源量，包括在本地生产而经过贸易销往其他国家或地区的产品或服务；V_i 为流域虚拟水进口量，表示由本地消费的来自其他国家或地区的产品或服务所消耗的水资源量。由于数据限制，本书不再考虑进口产品再出口所消耗的水资源。

1. 流域内水足迹

目前，水足迹核算可以分为过程水足迹、产品水足迹、消费者水足迹、地理区域内水足迹、国家水足迹核算和流域水足迹核算，本书核算的是流域内水足迹。将水资源按不同用途划分为 4 部分：农业用水、工业用水、生活用水以及生态用水。在计算农业水足迹时将其分为两类，一类是农作物水足迹，另一类是农畜产品水足迹。

流域水足迹等于该流域内所有用水过程的水足迹总和。

$$WF_i = \sum WF_{proc}(q) \tag{8.2}$$

式中：WF_i 为流域内水足迹合计；$WF_{proc}(q)$ 为流域内过程 q 的水足迹。

（1）农作物水足迹。农作物生产水足迹 $[WF_{proc}(f)，m^3/kg]$ 计算方法按照 Hoekstra 的《水足迹评价手册》提供的方法进行计算。由于直接测量蒸散发的成本较高，实施难度大，大多数学者在研究农业过程的水足迹时一般通过经验公式或根据经验公式模型来进行蒸散发计算。常用的模型有 EPIC 模型、基于地理信息系统的 GEPIC 模型、FAO 开发的 CROPWAT 模型以及 AQUACROP 模型。本书采用 CROPWAT8.0 模型进行农作物需水量计算。

$$WF_{proc}(f) = WF_{proc,green}(f) + WF_{proc,blue}(f) + WF_{proc,grey}(f) \tag{8.3}$$

式中：$WF_{proc}(f)$ 为作物生长过程的水足迹，m^3/t。

农作物绿水足迹计算公式

$$WF_{proc,green}(f) = \frac{CWU_{green}}{Y} \tag{8.4}$$

$$CWU_{green} = 10 \times \sum_{d=1}^{lgp} ET_{green} \tag{8.5}$$

$$ET_{green} = \min(ET_c, P_{eff}) \tag{8.6}$$

式中：$WF_{proc,green}(f)$ 为作物生长过程的绿水足迹，m^3/t；CWU_{green} 为作物耗水的绿水部分在整个生长期每日蒸散发的积累，m^3/hm^2；Y 为作物单位面积产量，t/hm^2；ET_{green} 为绿水用量，mm；10 为单位转换因子，是将水的深度（mm）转化为单位陆地面积的水量（m^3/hm^2）的转换系数；总和求的是从种植日期到收货日期的积累量（lgp 表示生长期的长度，以日计量）；ET_c 为农作物的蒸发蒸腾量，mm；P_{eff} 为作物生育期有效降水量，mm；作物绿水足迹和蓝水足迹要通过作物耗水量进行计算。

农作物蓝水足迹计算公式：

$$WF_{proc,blue}(f) = \frac{CWU_{blue}}{Y} \tag{8.7}$$

$$CWU_{blue} = 10 \times \sum_{d=1}^{lgp} ET_{blue} \tag{8.8}$$

$$ET_{blue} = \max(0, ET_c - P_{eff}) \tag{8.9}$$

式中：$WF_{proc,blue}(f)$ 为作物生长过程的蓝水足迹，m^3/t；CWU_{blue} 为作物耗水的蓝水部分在整个生长期每日蒸散发的积累，m^3/hm^2；ET_{blue} 为蓝水用量，mm/d；其他量与上述农作物绿水足迹计算公式相同。

农作物灰水足迹计算公式：

$$WF_{\mathrm{proc,grey}}(f)=\frac{(\alpha\times AR)/(c_{\max}-c_{\mathrm{nat}})}{Y}\tag{8.10}$$

式中：$WF_{\mathrm{proc,grey}}(f)$ 为作物生长过程的灰水足迹，$\mathrm{m^3/t}$；α 为淋溶率（在本计算中只考虑产生最大灰水足迹的污染物，依据 Chapagain 的研究假设氮淋溶率为 10％）；AR 为每公顷土地的化肥施用量，$\mathrm{kg/hm^2}$；$c_{\max}$ 为最大容许浓度，$\mathrm{kg/m^3}$；c_{nat} 为污染物的自然本底浓度。本研究中以氮肥作为产生主要灰水足迹的污染物，根据《地表水环境质量标准》（GB 3838—2002），农业用水为 V 类水的标准，氮的最大容许浓度为 2mg/L，自然本底浓度一般取为 0。

（2）农畜产品足迹。动物水足迹指动物在生长过程、加工产品过程中的耗水量，其虚拟水含量在量化时要分为两类进行考虑，一类是初级产品，指由动物直接生产的产品（如动物的肉、皮以及牛奶），另一类是次级产品，指在初级产品的基础上进行加工的产品（如奶制品、肉制品等）。本书农畜产品水足迹采用 Mekonne 和 Hoekstra 的研究结果。

（3）工业水足迹。工业水足迹不涉及绿水足迹，只有蓝水足迹和灰水足迹。工业上的蓝水足迹往往指的是新鲜水的耗用量，也就是在生产过程中的耗水量，为避免重复计算，在计算工业生产过程水足迹时不再计算加工产品内的水足迹。目前，水足迹理论大多应用在农业方面，工业水足迹计算没有农业水足迹计算方法完善，在计算过程中相关数据有限，因此在数据本身不完整的情况下计算时容易受到限制。本书在进行工业水足迹核算时部分参考黄少良、贾佳、孙才志等学者的研究方法。

$$WF_{\mathrm{proc}}(i)=V_{\mathrm{blue}}+WF_{\mathrm{proc,grey}}(i)\tag{8.11}$$

式中：$WF_{\mathrm{proc}}(i)$ 为工业总水足迹；V_{blue} 为工业蓝水足迹；$WF_{\mathrm{proc,grey}}(i)$ 为工业灰水足迹。

工业过程蓝水足迹可以查阅有关各种工业过程耗水的数据库直接获取蓝水足迹（制造业的蓝水消耗数据最佳来源为制造商、地区或全球相关组织），但一般数据库里可能只有取水数据，缺少耗水数据。因此想要直接获得工业过程蓝水足迹比较困难，可以通过取水量和排放量的差值间接地测量，蓝水足迹具体公式如下所示：

$$V_{\mathrm{blue}}=V_{\mathrm{infall}}-V_{\mathrm{effi}}\tag{8.12}$$

式中：V_{infall} 为取水量；V_{effi} 为污水排放。

工业废水主要通过工厂或污水处理厂进入水体，属于点源污染，因此可以测算排污流量和污水中化学物质浓度来估算排放的污染负荷。由于工业废水中包含的污染物种类过多（如汞、镉、六价铬、氰化物、化学需氧量、石油类以及氨氮等多种污染物），在计算时可以选择主要污染物为代表，本书选取的关键污染物为化学需氧量（COD），工业水足迹评价与应用工业灰水足迹计算公式：

$$WF_{\mathrm{proc,grey}}(i)=\frac{L}{c_{\max}-c_{\mathrm{nat}}}\tag{8.13}$$

$$L=V_{\mathrm{effi}}\times(c_{\mathrm{effi}}-c_{\mathrm{nat}})\tag{8.14}$$

在计算灰水足迹时，要先得到污染物的水质标准浓度（$c_{\max}$，mg/L）与受纳水体的自然本底浓度（c_{nat}，mg/L），再用污染负荷（L，质量/时间）除以浓度差（$c_{\max}-c_{\mathrm{nat}}$），即可得到灰水足迹；$c_{effi}$为污水中污染物浓度（mg/L）。根据《地表水环境质量标准》（GB 3838—2002），工业用水为IV类水的标准，根据黄河流域近15年平均水质情况，假设化学需氧量（COD）的自然本底浓度为III类水标准（20mg/L），最大可接受污染物指标为IV类水标准（30mg/L），由于工业污水排放浓度缺乏数据，本书参考相关学者的计算方法，以各省排放的废水量和废水中污染物的体积估算出污染物浓度。

当$c_{effi}<c_{max}$时，说明稀释过污染物后受纳水体的浓度不会超过环境水质标准，灰水足迹在承载范围内；当$c_{effi}=c_{max}$时，表示污染物浓度到了受纳水体的稀释能力；当$c_{effi}>c_{max}$时，表明污染物浓度超出了受纳水体的稀释能力，灰水足迹将超过现存河流流量；当$c_{effi}<c_{nat}$时，灰水足迹将小于0，此时可以不必计算。

（4）生活水足迹和生态水足迹。本书以实体水为主来代替生活和生态水足迹。使用各省统计年鉴中生活和生态环境用水量来表示。

2. 流域虚拟水进出口

进（出）口虚拟水量由各省（自治区）进（出）口总额乘以地区平均万元地区内生产总值水足迹计算：

$$V_i = \frac{GDP}{WF_i} \times VI \qquad (8.15)$$

$$V_e = \frac{GDP}{WF_i} \times VE \qquad (8.16)$$

式中：V_i为流域虚拟水进口量，m³；V_e为流域虚拟水出口量，m³；WF_i为地区内用水总量，包括农业、工业、生活和生态用水；VI、VE分别为进口贸易总额和出口贸易额。地区进出口总额单位通过中国历年人民币平均市场汇率由美元换算为元，见表8.1。

表 8.1		人民币对美元年平均汇价（100美元）			单位：元	
年 份	汇 价	年 份	汇 价	年 份	汇 价	
2007	760.40	2011	645.88	2015	622.84	
2008	694.51	2012	631.25	2016	664.23	
2009	683.10	2013	619.32	2017	675.18	
2010	676.95	2014	614.28			

8.2.2 水资源利用指标

根据相关数据计算人均水足迹、水资源匮乏、水资源自给率、水资源利用效率来反馈黄河流域水资源状况。

人均水足迹（WP）指流域消费的水足迹总量（WFP）与该流域人口总量（P）之间的比值，反映了不同流域内水足迹的人均占有量。单位为m³/人。流域消费者水足迹等于流域内水足迹加上虚拟水进口，再减去虚拟水出口。

$$WP = \frac{WFP}{P} \qquad (8.17)$$

$$WFP = WF_i + V_i - V_e \qquad (8.18)$$

水资源匮乏指数（WS）指某个流域需水量与流域水资源总量（WA）的比值，反映了流域水资源的紧缺程度，比值越大说明该流域水资源短缺程度越严重，本书中以流域总水足迹指代流域需水量。

$$WS = \frac{WFP}{WA} \tag{8.19}$$

水资源利用效率（WUE）指流域国民生产总值（GDP）与流域水足迹总量的比值，反映了该流域的每立方水创造的经济效益。单位为元/m³。

$$WUE = \frac{GDP}{WF} \tag{8.20}$$

8.2.3　数据来源与处理

本书的数据来源包括：①2007—2017 年《中国统计年鉴》以及青海、甘肃、宁夏、内蒙古、陕西、山西、河南和山东各省（自治区）统计年鉴；②联合国粮食及农业组织的 CLIMATE 和 CROPWAT 作物需水软件。由于四川省数据缺失，本书中黄河流域水足迹及脱钩关系分析不包括四川省。

数据处理：

（1）青海省 2016 年和 2017 年工业废水排放量及工业废水排放量中化学需氧量（COD）排放量数据缺失，对于缺失数据的处理，采用临近年份数据进行线性插补。

（2）本章中的农业只包含农作物种植业和畜牧业。农作物生产水足迹将粮食、油料、棉花、糖料、蔬菜、水果、烟叶、茶叶纳入核算，详细计算以各省种植情况为准。本次采用 CROPWAT8.0 模型，以及配合 CLIMWAT2.0 采用作物需水量法计算各省主要农作物蒸散发量（作物需水量法假定作物蒸散发量 ET_c 等于作物需水量）。农作物蒸散发以及有效降水模拟结果见表 8.2。在表 8.2 中，青海、宁夏、内蒙古主要种植春小麦，则以春小麦为代表，其他地区为冬小麦。其中，青海省以玉树作为观测点，青海省农作物需水量计算以玉树为基准；其余各省均以其省会作为观测点进行计算。

表 8.2　各省（自治区）农作物蒸散发量　单位：mm

省份	蒸散发量	稻谷	小麦	玉米	高粱	谷子	豆类	薯类	花生	葵花籽	油菜籽	棉花	甜菜	烟叶	蔬菜	瓜类	甘蔗
青海	ET_c	—	325.1	341.5	—	—	308.7	387.6	—	—	366.6	508.5	456.4	325.9	287.2	330.4	—
	$Peff$	—	313.8	290.8	—	—	254.5	300.5	—	—	302.0	339.1	373.3	259.7	214.7	279.7	
甘肃	ET_c	671.8	441.7	457.6	—	—	336.2	514.6	487.2	—	585.8	634.4	596.4	435.8	383.4	440.1	
	$Peff$	187.9	274.6	184.2	—	—	102.8	193.6	193.6	—	368.9	262.9	237.5	150.7	120.2	174.7	
宁夏	ET_c	742.1	472.5	500.9	437.3	—	369.9	559.5	—	502.6	—	—	—	427.0	480.0		
	$Peff$	121.2	123.9	117.5	120.8	—	64.6	123.9	—	123.9	—	—	—	71.1	111.1		
内蒙古	ET_c	654.0	415.2	440.5	381.3	337.0	342.2	493.7	—	440.6	—	596.5	565.8	—	381.6	424.0	
	$Peff$	236.0	248.9	235.4	245.7	181.3	109.3	248.9	—	248.9	—	317.5	293.2	—	136.9	221.9	
陕西	ET_c	667.6	477.3	471.7	—	—	342.1	—	499.7	—	584.2	638.3	—	445.4	386.1		942.6
	$Peff$	275.5	470.0	245.6	—	—	160.5	—	255.0	—	358.7	408.4	—	218.3	186.1		509.7

省份	蒸散发量	稻谷	小麦	玉米	高粱	谷子	豆类	薯类	花生	葵花籽	油菜籽	棉花	甜菜	烟叶	蔬菜	瓜类	甘蔗
山西	ET_c	725.5	524.2	479.7	416.6	374.3	433.8	535.2	502.9	478.8	602.9	649.8	609.9	467.8	419.2	460.1	—
	$Peff$	262.1	384.5	254.1	259.4	201.8	227.0	265.2	265.2	265.2	331.8	354.4	323.3	216.1	172.6	243.0	
河南	ET_c	792.7	620.5	536.6	461.2	414.5	425.1	—	559.7	—	667.5	724.4	—	521.5	465.4	511.0	1196.3
	$Peff$	333.0	516.7	307.3	314.1	255.6	174.0	—	320.8		408.6	446.7		261.9	211.0	293.7	556.0
山东	ET_c	617.5	483.3	417.8	362.6	313.4	313.2	473.0	448.9		555.1	592.7	544.3	400.3	358.0	405.4	—
	$Peff$	362.8	510.3	350.0	350.0	272.0	182.7	365.4	356.4		433.5	463.0	426.6	293.5	229.0	334.6	

动物的耗水情况与养殖类型有关，据粮农组织的划分，有 3 种系统：放牧系统（grazing systems）、混合系统（mixed systems）和工业化生产系统（industrial systems），放牧系统中耗水量比较高，在本书中，假设人均国民总收入与 3 种不同农业体系之间的粗略关系。对于人均国民总收入高的国家，假设工业化生产模式占主导地位，对于人均国民总收入低的国家，放牧模式占主导地位，对于人均国民总收入平均的国家，假设混合模式占主导地位。根据中国的国情，本书采用混合模式计算。农畜产品（猪肉、牛肉、羊肉、禽蛋、奶类）单位质量虚拟水含量采用 Mekonne 和 Hoekstra 的研究结果，数据见表 8.3。

表 8.3　　　　　　　　　　　农畜产品单位质量虚拟水含量

种类	猪肉	牛肉	绵羊肉	山羊肉	牛奶	禽蛋
绿水	5401.00	13227.00	5337.00	2765.00	897.00	2351.00
蓝水	356.00	339.00	454.00	283.00	147.00	230.00
灰水	542.00	103.00	14.00	0.00	213.00	708.00

8.2.4　黄河流域水足迹变化情况

1. 黄河流域各行业水足迹变化

在 2007—2017 年黄河流域各省水足迹结构中，农业水足迹占比最高，占黄河流域内部总水足迹的一半以上，工业水足迹多年平均占比为 17%。农业水足迹呈上升趋势，11 年来水足迹比重增加了 8%；工业水足迹呈下降趋势，11 年来下降了 19%，这主要是工业灰水足迹显著减少，工业污染治理起到了很大的作用。由于生活和生态用水占比很小，无法在图 8.1 中体现，故未将其放在图 8.1 中进行比较。在农业水足迹中农作物水足迹多年平均占 56%。因各省每年农作物种植结构各不相同，水足迹占比也高，所以本小节重点分析农作物水足迹的变化。

农作物水足迹逐年攀升，其中粮食作物水足迹占了绝大部分。此次统计中，粮食作物包括稻谷、小麦、玉米、豆类和薯类。2007—2017 年农作物水足迹中粮食作物占比情况见表 8.4，粮食作物总水足迹占农作物水足迹的比例大体上呈现上升趋势，占比最高时可达 79%，同时，粮食作物在产量占比上同样呈现上升的趋势。由此可见粮食作物水足迹上

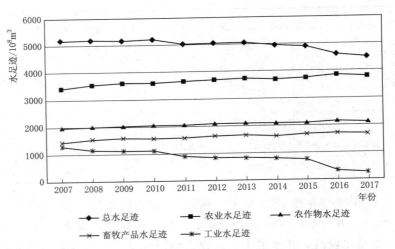

图 8.1　黄河流域 2007—2017 年各行业总水足迹变化

升是农作物水足迹升高的主要原因。

表 8.4　　　　　　　　　　　2007—2017 年农作物水足迹中粮食作物占比情况

年份	农作物产量/万 t	农作物水足迹/万 m³	粮食作物产量/万 t	粮食作物水足迹/万 m³	粮食作物产量占比/%	粮食作物水足迹占比/%
2007	37526.43	1969.28	13874.62	1425.13	0.37	0.72
2008	39231.23	2003.16	14610.33	1453.97	0.37	0.73
2009	39887.39	2025.99	14575.12	1484.62	0.37	0.73
2010	40582.69	2033.28	15078.32	1502.10	0.37	0.74
2011	42368.20	2055.16	15688.34	1522.93	0.37	0.74
2012	43957.44	2067.63	16559.80	1566.92	0.38	0.76
2013	44900.43	2081.78	17011.16	1589.36	0.38	0.76
2014	45801.77	2082.39	17203.82	1598.61	0.38	0.77
2015	45976.31	2071.91	17666.48	1602.35	0.38	0.77
2016	44833.95	2146.67	18803.89	1702.71	0.42	0.79
2017	45443.69	2120.86	18701.38	1676.38	0.41	0.79

　　由于自然环境和地理条件等因素的影响，黄河流域各省（自治区）农作物水足迹相差较大，所有农作物的水足迹，包括粮食作物的水足迹都与当地的气候以及土壤有关，青海土源主要为冻土、黄土和盐渍土，且地形复杂、地貌多样，海拔较高，不适合种稻谷，粮食产量也最低（0.6%）。而河南地处中原，环境气候适宜，具有农作物种植优势，因此 11 年来总粮食产量位居首位（28.0%）。其他地区粮食产量占比从高到低依次为：山东（23.0%）、内蒙古（14%）、山西（6%）、陕西（6%）、甘肃（5%）、宁夏（2%）。对粮食作物水足迹进行分析，如图 8.2 所示，单位质量粮食作物水足迹整体呈现下降趋势。

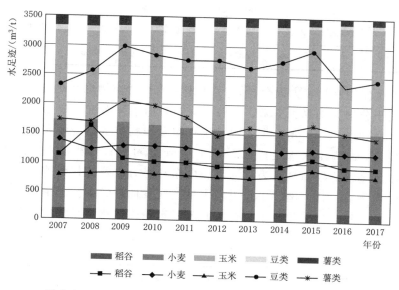

图 8.2　2007—2017 年平均单位质量粮食作物水足迹变化

其中，薯类、稻谷以及小麦单位质量水足迹总体上呈现下降趋势，薯类各年份单位质量水足迹与 2007 年相比，除了 2009 年、2010 年、2011 年，其他年份单位质量水足迹均低于 2007 年；稻谷除 2008 年单位质量水足迹与其他年份相比最高，其他年份基本上呈下降趋势，2008 年上升幅度大主要是因为该年山西稻谷产量骤减，每公顷稻田产量只有 1231kg，与其相邻的 2007 年和 2009 年产量分别为每公顷 4163kg、4368kg。玉米基本上持平，而豆类水足迹最大且变化幅度较大。由于山西 2009 年大豆单位质量水足迹上升幅度较大，且陕西、内蒙古、宁夏以及青海均有小幅度上升导致豆类水足迹升高，导致 2009 年豆类单位质量水足迹最高。

但豆类并不是粮食作物水足迹升高的主要原因，如图 8.3 所示，从各粮食作物产量占比情况可以看出，小麦和玉米位居前两位。2007—2017 年平均粮食作物总产量中，稻谷、小麦、玉米、豆类和薯类分别占总产量的 5%、39%、47%、6%和 4%。因为豆类产量占比较小，因此 2007—2017 年 8 省豆类总水足迹与 11 年来粮食作物总水足迹相比，仅为粮食作物总水足迹的 5%，所以单位质量豆类水足迹上升对粮食作物总体水足迹增加影响不大。

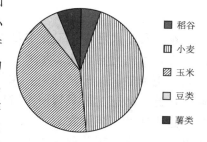

图 8.3　各粮食作物 11 年
总水足迹占比情况

从粮食作物 2007—2017 年总水足迹占比情况方面分析，稻谷、小麦、玉米、薯类水足迹分别占粮食作物水足迹的 5%、43%、41%、6%，其中，小麦和玉米水足迹占比高达粮食作物总水足迹的 84%。小麦单位质量水足迹整体呈现下降趋势，并根据小麦产量数据发现小麦产量总体上呈增长状态，则可以判断出粮食作物总水足迹上升的主要原因是小麦产量增加（表 8.5）。

103

表 8.5					2007—2017 年小麦产量				单位：万 t	
2007 年	2008 年	2009 年	2010 年	2011 年	2012 年	2013 年	2014 年	2015 年	2016 年	2017 年
6050	6250	6233	6278	6358	6617	6559	6769	7055	7282	7378

从各省粮食作物水足迹方面分析，11 年来河南粮食作物总水足迹最大，5 种作物中水足迹由大到小分别为小麦、玉米、稻谷、豆类，由于河南统计数据中没有薯类，因此薯类不做排名。如图 8.4 所示，小麦水足迹在粮食作物中水足迹最大是因为河南和山东小麦水足迹较高。青海玉米水足迹为 56403 万 m^3，对粮食作物总水足迹来说几乎没有影响，玉米水足迹占比较高是因为除河南、山东和青海之外的其他地区，玉米水足迹比其他 4 种粮食作物高，且河南、山东玉米水足迹比其他省份高。但由于玉米单位质量水足迹波动不大，每年产量变化也不大，因此玉米水足迹变化不是粮食作物水足迹上升的主要原因。

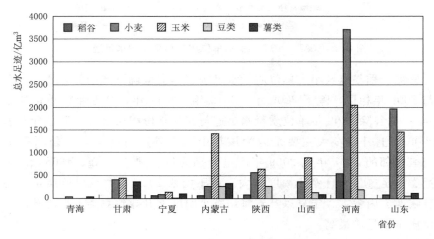

图 8.4　各省（自治区）粮食作物 11 年总水足迹

除了农业水足迹，工业水足迹占比相对较高。对工业水足迹进行分析（图 8.1）可以发现，虽然它与农业水足迹一样处于逐年递减状态，但比农业水足迹下降幅度更大，呈现出更为显著的递减趋势，尤其是 2010—2011 年、2015—2016 年这两个阶段，为工业水足迹下降速率的最快两个阶段。相较于工业蓝水足迹，工业灰水足迹下降趋势更明显，这表明黄河流域在近 15 年来通过进行产业结构调整、环境保护政策、节水减排绿色发展政策带来了比较显著的效果。关于 2010—2011 年、2015—2016 年两个阶段工业水足迹下降快是因为：①2010 年利用各种新闻资源、主流媒体开展以环保为中心的宣传教育工作取得成效；②2011 年国务院下发加快水利改革发展的决定；③国家"十三五"规划明确提出实行最严格的水资源管理制度，以水定产、以水定城，建设节水型社会；④2015 年实行新修订的《中华人民共和国环境保护法》，国家对水污染防治监督力度进一步加大。

2. 黄河流域各省（自治区）水足迹变化

各省（自治区）11 年来内部水足迹从高到低依次为河南（17093.94 亿 m^3）、山东

（12921.11 亿 m³）、内蒙古（7287.60 亿 m³）、陕西（4120.38 亿 m³）、山西（3798.05 亿 m³）、甘肃（3289.60 亿 m³）、宁夏（1883.22 亿 m³）、青海（998.36 亿 m³）。其中，河南、山东和内蒙古水足迹之和占黄河流域总水足迹的 79%。从图 8.5 可以看出，河南和山东农作物产值都比较高，绿水足迹较大，因此总水足迹受农业绿水足迹影响较大导致总水足迹较高。

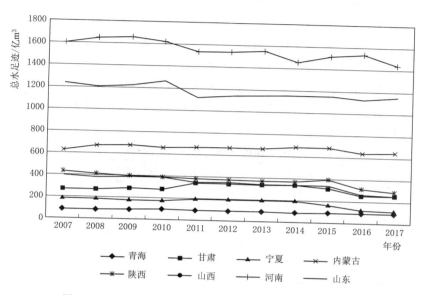

图 8.5 2007—2017 年各省（自治区）总水足迹变化图

由图 8.5 和表 8.6 可看出，河南、山东水足迹每年呈下降趋势，但占比情况基本保持不变，这主要是各省（自治区）水足迹基本上都呈下降趋势导致的，参照上一节各省（自治区）粮食产量分析河南和山东水足迹占比不变说明河南和山东依然是黄河流域的粮食产量中心；陕西、山西和宁夏每年水足迹呈下降趋势，且占比也呈下降趋势；青海、内蒙古每年水足迹较平稳，青海水足迹占比保持不变，内蒙古水足迹占比持续上升；甘肃每年水足迹呈缓慢上升趋势，但占比基本保持不变。

表 8.6   2007—2017 年各省（自治区）水足迹占流域水足迹比例

年　份	青海	甘肃	宁夏	内蒙古	陕西	山西	河南	山东
2007	0.02	0.06	0.04	0.13	0.09	0.08	0.33	0.26
2008	0.02	0.06	0.04	0.14	0.08	0.08	0.34	0.25
2009	0.02	0.06	0.04	0.14	0.08	0.08	0.34	0.25
2010	0.02	0.06	0.04	0.14	0.08	0.08	0.33	0.26
2011	0.02	0.07	0.04	0.14	0.08	0.07	0.33	0.24
2012	0.02	0.07	0.04	0.14	0.08	0.08	0.33	0.24
2013	0.02	0.07	0.04	0.14	0.08	0.07	0.33	0.24
2014	0.02	0.07	0.04	0.15	0.08	0.07	0.31	0.25
2015	0.02	0.07	0.03	0.15	0.08	0.07	0.33	0.25

年　份	青海	甘肃	宁夏	内蒙古	陕西	山西	河南	山东
2016	0.02	0.06	0.03	0.15	0.07	0.06	0.35	0.26
2017	0.02	0.06	0.03	0.15	0.07	0.06	0.34	0.27
平均占比	0.02	0.06	0.04	0.14	0.08	0.07	0.33	0.25

3. 黄河流域水足迹评价

从水足迹结构来看，差异比较明显，从高到低依次为农业水足迹、工业水足迹、生活水足迹、生态水足迹。对比进出口水足迹发现：出口水足迹比进口水足迹大，说明黄河流域水资源进口依赖度较低，消费者所消耗的水资源大多来自于流域内部。生活水足迹呈现两个梯度式递增：从 2007—2010 逐年增加，从 2010—2017 年逐年增加；生态水足迹从2007—2017 年逐年递增（表 8.7）。

表 8.7　　　　　　　　　　**2007—2017 年黄河流域水足迹构成**　　　　　　　　单位：亿 m³

年　份	农业水足迹	工业水足迹	生活水足迹	生态水足迹	进口水足迹	出口水足迹	总水足迹
2007	3408.55	1275.12	117.01	20.42	351.97	496.60	5173.06
2008	3539.56	1158.62	121.38	24.65	350.67	463.23	5194.88
2009	3607.87	1126.56	125.52	25.45	292.79	319.23	5178.19
2010	3597.25	1112.42	128.80	30.71	351.95	379.80	5221.13
2011	3633.82	889.01	114.54	37.55	356.37	371.37	5031.29
2012	3694.46	846.42	114.81	42.08	350.60	382.76	5048.36
2013	3727.30	821.56	116.62	38.37	353.51	384.66	5057.36
2014	3687.66	793.38	117.30	36.20	327.26	397.94	4961.81
2015	3744.92	748.16	119.80	43.40	271.55	380.32	4927.83
2016	3845.15	319.14	125.80	57.30	252.27	346.16	4599.66
2017	3792.61	255.93	129.30	69.80	269.28	344.71	4516.92

黄河流域人均水足迹刚开始逐年递增，在 2009 年达到峰值后呈下降趋势，11 年来整体上呈降低趋势，2017 年比 2007 年人均水足迹减少 217.59m³。黄河流域水资源利用效率逐年提高，从 2007 年的 11.33 元/m³ 提高到 2017 年的 38.01 元/m³，每年平均增长率为 11%，说明 1m³ 水创造的经济价值越来越高。

水资源总量与水资源匮乏指数呈负相关，与水足迹呈正相关。因此水资源总量高的年份和水足迹低的年份有利于缓解水资源短缺，匮乏指数相对就较小。黄河流域水资源匮乏指数上下波动幅度并不是很剧烈，整体上水资源匮乏指数维持在 2 左右。2007—2008 年处于上升状态；2008—2013 年在基本上处于下降状态，在此期间流域总水足迹逐渐减小，且水资源总量比较丰沛（平均为 2693.35 亿 m³），因此指数出现下降趋势；2013—2015 年经过短暂的上升后又开始下降，在 2017 年达到最低值 1.76，比 2007 年减少了 0.29。2017 年水资源量为 2573.3 亿 m³，与 15 年（2005—2019 年）平均值 2592.73 亿 m³ 相近，由此可见 2017 年水资源匮乏指数下降主要原因是水足迹减小（表 8.8）。

表 8.8 黄河流域水足迹结构评价表

年 份	人均水足迹/(m³/人)	水资源匮乏度	水资源利用效率/(元/m³)
2007	1464.73	2.05	11.33
2008	1476.14	2.20	13.59
2009	1507.85	1.99	14.76
2010	1493.38	1.87	17.27
2011	1430.61	1.79	21.07
2012	1427.71	1.86	23.23
2013	1424.73	1.76	25.37
2014	1386.33	2.04	27.78
2015	1375.11	2.26	29.67
2016	1278.81	2.11	33.86
2017	1247.14	1.76	38.01

8.3 黄河流域水资源与经济发展脱钩分析

8.3.1 建立脱钩模型

常用的脱钩模型有 OECD 脱钩指数分析法、Vehmas 脱钩指数、IGT 脱钩方程、Tapio 脱钩弹性指数。OECD 脱钩指数分析法合 Vehmas 脱钩指数只能区分出脱钩和未脱钩两种状态，IGT 脱钩方程只有绝对脱钩、相对脱钩以及未脱钩 3 种状态，前 3 种方法都不能细致地表示出水资源利用的某种状态，Tapio 脱钩模型采用弹性指数对脱钩进行量化研究，将脱钩状态分为 8 种情况，分类更细腻。因此本书采用运用更为广泛的 Tapio 脱钩弹性指数作为脱钩模型。

基于水足迹理论及 Tapio 脱钩弹性方法构建衡量水资源利用与经济发展脱钩分析模型，有关水资源的情况结合上一节提到水足迹的核算方法，而经济发展采用 GDP 的变化率表示，由此得出本书中所应用的基于水足迹的脱钩模型公式：

$$e = \frac{\Delta WF\%}{\Delta GDP\%} = \frac{\Delta WF/WF}{\Delta GDP/GDP} = \frac{(WF_t - WF_0)/WF_t}{(GDP_t - GDP_0)/GDP_t} \qquad (8.21)$$

式中：e 为水资源利用脱钩系数；$\Delta WF\%$、$\Delta GDP\%$ 分别为水足迹增长弹性变化速率、经济增长弹性变化速率，$\Delta WF\%$ 与 $\Delta GDP\%$ 的正负号仅代表水足迹和经济处于增长或下降状态；ΔWF 为水足迹变化量；ΔGDP 为该地区生产总值的变化量；WF_t、WF_0 分别为第 t 期末和基期的水足迹总量；GDP_t、GDP_0 分别为第 t 期和基期的地区经济总量。

在分行业进行脱钩指数计算时，GDP 分别取各行业的相应值，计算农业脱钩指数时对应经济指标取农业增加值，计算工业脱钩指数时对应经济指标取工业增加值；水足迹的取值同样要对应相应的行业。

参考以往文献对脱钩系数的划分标准，脱钩弹性系数可分为 8 种情况，见表 8.9。$\Delta GDP>0$ 说明经济处于增长阶段；反之，经济处于衰退阶段；$\Delta WF>0$ 说明水足迹处于增加阶段；反之，水足迹处于减少阶段，见表 8.9 按 ΔGDP 和 ΔWF 的正负可以划分为 4 大类。当 $\Delta GDP>0$ 时，若 $\Delta WF<0$ 时（情形 A），说明水足迹随经济的增长而下降，此时脱钩状态最理想；若 $\Delta WF>0$ 时（情形 B、E、F），说明水足迹随经济增长而增长，脱钩状态较为理想。当 $\Delta GDP<0$ 时，若 $\Delta WF>0$ 时（情形 C），此时情况最不理想，经济增长率为负，水足迹却不断增加；若 $\Delta WF<0$（情形 D、G、H），说明经济衰退的同时水足迹也在下降。

表 8.9   脱 钩 状 态 分 析 表

变化情况	$\Delta WF\leqslant 0$	$\Delta WF>0$
$\Delta GDP\leqslant 0$	D：$0<e<0.8$ 弱负脱钩	C：$e\leqslant 0$ 强负脱钩
	G：$0.8\leqslant e\leqslant 1.2$ 衰退性耦合	
	H：$e>1.2$ 衰退性脱钩	
$\Delta GDP>0$	A：$e\leqslant 0$ 强脱钩	B：$0<e<0.8$ 弱脱钩
		E：$0.8\leqslant e\leqslant 1.2$ 扩张性耦合
		F：$e>1.2$ 扩张性负脱钩

8.3.2 脱钩影响因素分析模型

为进一步讨论黄河流域水资源利用与经济增长脱钩关系，在进行定量分析的基础上，用 LMDI 模型对黄河流域影响水资源利用的主要因素进行研究。本书采用 Divisia 分解法，这种 LMDI 模型在计算时不会出现无法分解的残差，从而导致因素分解不完全，它能够对因子影响研究对象的情况进行评估，也更适合应用在能源领域的问题分析上。本书拟分析黄河流域内影响水足迹变化的人口规模、产业结构、经济水平和技术效应 4 个因素，以此来探讨黄河流域内水足迹变化的驱动因素。本 LMDI 模型参考相关学者的研究，其表达式为

$$WF=\sum_i WF=\sum_i \frac{WF_i}{GDP_i}\times \frac{GDP_i}{GDP}\times \frac{GDP}{P}\times P \qquad (8.22)$$

式中：WF_i 为 i 行业水足迹总量；GDP_i 为 i 行业生产总值；GDP 为一个地区国民生产总值；P 为一个地区常住人口数；其中，GDP 等于第 i 产业 GDP（GDP_i）相加之和，则上式可以改写为

$$WF=\sum_i WF=\sum_i I_i\times S_i\times Inc\times P \qquad (8.23)$$

$$I_i=\frac{WF_i}{GDP_i} \qquad (8.24)$$

$$S_i=\frac{GDP_i}{GDP} \qquad (8.25)$$

$$Inc=\frac{GDP}{P} \qquad (8.26)$$

式中：I_i 为第 i 产业用水强度；S_i 为第 i 产业生产产值在国民经济生产总值中的比重；Inc 为地区人均生产总值。

水足迹变化量 ΔWF 可以进一步分解为以下 4 个变量

$$\Delta WF = \Delta WF_p + \Delta WF_s + \Delta WF_{lnc} + \Delta WF_l \tag{8.27}$$

$$\Delta WF_p = \sum_i \left[\frac{WF_i^t - WF_i^0}{\ln WF_i^t - \ln WF_i^0} \times \ln\left(\frac{P^t}{P^o}\right) \right] \tag{8.28}$$

$$\Delta WF_s = \sum_i \left[\frac{WF_i^t - WF_i^0}{\ln WF_i^t - \ln WF_i^0} \times \ln\left(\frac{S_i^t}{S_i^o}\right) \right] \tag{8.29}$$

$$\Delta WF_{lnc} = \sum_i \left[\frac{WF_i^t - WF_i^0}{\ln WF_i^t - \ln WF_i^0} \times \ln\left(\frac{Inc^t}{Inc^o}\right) \right] \tag{8.30}$$

$$\Delta WF_i = \sum_i \left[\frac{WF_i^t - WF_i^0}{\ln WF_i^t - \ln WF_i^0} \times \ln\left(\frac{I_i^t}{I_i^o}\right) \right] \tag{8.31}$$

式中：ΔWF_p、ΔWF_s、ΔWF_{Inc}、ΔWF_i 分别为人口规模、产业结构、经济水平、技术效应相应的水足迹。

综上，可以得出水足迹与经济发展水平脱钩分解模型

$$e(WF, GDP) = \frac{\Delta WF / WF}{\Delta GDP / GDP} \tag{8.32}$$

$$e(WF, GDP) = \frac{(\Delta WF_p + \Delta WF_s + \Delta WF_{Inc} + \Delta WF_i) / WF}{\Delta GDP / GDP} \tag{8.33}$$

$$e(WF, GDP) = L_n \Delta WF_p + L_n \Delta WF_s + L_n \Delta WF_{Inc} + L_n \Delta WF_i \tag{8.34}$$

$$e(WF, GDP) = e_p + e_s + e_{Inc} + e_i \tag{8.35}$$

式中：$L_n = GDP / WF \Delta GDP$；$e_p$、$e_s$、$e_{Inc}$、$e_i$ 分别为与人口规模、产业结构、经济水平、技术效应对应的脱钩因子。

8.3.3 经济增长现状

2007—2017 年黄河流域经济保持平稳增长，各省 GDP 逐年攀升，发展水平不断提升。11 年间 GDP 排名没有发生重大改变，从高到低排名依次为山东、河南、陕西、山西、内蒙古、甘肃、宁夏、青海。从各省（自治区）的 GDP 占比情况来看，依然存在很大的差距，青海虽然面积较大，但由于地理环境处于劣势，GDP 不及面积最小的宁夏；山东一直是黄河经济带的龙头，多年来，山东经济名列黄河经济协作区第一，在黄河流域所有地区中，山东是唯一的沿海省份，这是山东经济发展的优势；各省（自治区）农业 GDP 占地区 GDP 总值的比重下降，工业 GDP 比重除内蒙古外也呈现下降趋势，高效生态经济等新的经济增长点不断涌现拉动了经济增长。如图 8.6 所示。

2009 年以来黄河流域发展速度显著提高，但对 2017 年黄河流域各省（自治区）GDP 的全国排名进行分析（表 8.10），黄河流域经济水平发展落后于全国且存在发展不平衡问题。2017 年黄河流域生产总值最高的是山东，增长速度最快的是陕西。与全国 31 个省、自治区、直辖市相比，黄河流域 8 个地区只有河南和山东位居前 5 名，其他地区除陕西外均位于 20 名之后，青海更是排在倒数第二。可见中西部地区与东部地区相比差距较大，

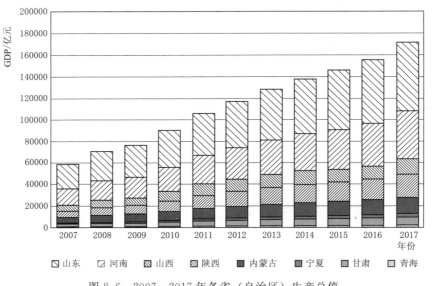

图 8.6   2007—2017 年各省（自治区）生产总值

其 GDP 占比明显没有东部地区高。

表 8.10   2017 年各省（自治区）GDP 和增长率全国排名

省　份	青海	甘肃	宁夏	内蒙古	陕西	山西	河南	山东
GDP 位次	30	27	29	22	15	24	5	3
增长率/%	7.3	3.6	7.8	4	8	7	7.8	7.4
增长率位次	18	30	11	29	9	21	11	17

8.3.4   水资源利用与经济增长脱钩分析

1. 流域总水足迹脱钩分析

为全面、客观地研究黄河流域水资源利用与经济发展的脱钩状态，本节将黄河流域 2007—2017 年经济增长与总水足迹、蓝水足迹、灰水足迹代入脱钩模型进行计算，分别从黄河流域整体水足迹脱钩以及蓝水和灰水足迹脱钩两个方面进行分析。

（1）整体分析。根据脱钩指数的含义，当 $\Delta WF<0$，$\Delta GDP<0$ 时，e 越大代表脱钩程度越高；当 $\Delta WF>0$，$\Delta GDP>0$ 时，e 越小代表脱钩程度越大；当处于另外两种情况时（$\Delta WF<0$，$\Delta GDP>0$ 或 $\Delta WF>0$，$\Delta GDP<0$），则 e 的大小失去了含义，脱钩程度应比较经济增长弹性变化速率（$\%\Delta GDP$）和水足迹增长弹性变化速率（$\%\Delta WF$）进行判断。

以 2007 年作为基期进行计算，由表 8.11 可知，黄河流域经济从 2007—2017 年持续增长，即 $\Delta GDP>0$，参照脱钩状态分析表，黄河流域水资源利用与经济脱钩状态取决于水足迹变化情况。2008—2017 年黄河流域总水足迹与经济增长脱钩状态有两种：弱脱钩（4 个）和强脱钩（7 个），总体上脱钩状态较理想。2008—2011 年脱钩状态为弱脱钩与强脱钩交替状态，脱钩状态不稳定；2012—2013 年为弱脱钩状态，说明水足迹增加的速度比经济增长的速度小；2013—2017 年则为强脱钩状态，说明水足迹持续减少而生产总值持续增加，这是一种理想状态。

表 8.11　　　　　　　2008—2017 年黄河流域总水足迹与经济发展脱钩指数

年　份	$\Delta WF/\%$	$\Delta GDP/\%$	e	脱钩状态
2008	0.004	0.17	0.02	弱脱钩
2009	−0.003	0.08	−0.04	强脱钩
2010	0.008	0.15	0.05	弱脱钩
2011	−0.038	0.15	−0.25	强脱钩
2012	0.003	0.10	0.04	弱脱钩
2013	0.002	0.09	0.02	弱脱钩
2014	−0.019	0.07	−0.28	强脱钩
2015	−0.007	0.06	−0.12	强脱钩
2016	−0.071	0.06	−1.17	强脱钩
2017	−0.018	0.09	−0.20	强脱钩

对处于强脱钩状态的年份进行分析发现，除了 2011 年，其他年份经济增长弹性变化速率均在 0.06～0.09 摆动，变化幅度不大。首先，对 2011 年数据暂时不做分析，此时只需观察水足迹增长弹性变化速率，结果显示 2009 年水足迹增长弹性变化速率最小，2016 年水足迹增长弹性变化速率最大；其次，分别将 2009 年、2016 年与 2011 年进行对比，结果表明 2009 年水足迹增长弹性变化速率和经济增长弹性变化速率都没有 2011 年高，2016 年与 2011 年不相上下；所以 2009 年是强脱钩状态中脱钩程度最低的一年。2014—2017 年强脱钩状态摆动幅度较大，主要与水足迹的变化有关。

与处于强脱钩状态的年份恰恰相反，对处于强脱钩状态的年份进行分析发现，其主要受经济增长弹性变化速率的影响。此时可直接根据脱钩指数的大小来判定脱钩程度的高低，据表 8.11 分析，2008 年（0.02）和 2013 年（0.02）弱脱钩状态最佳，2010 年（0.05）弱脱钩状态最差。

从 2008—2017 年整体观察，黄河流域脱钩状态逐渐向强脱钩状态发展，水足迹变化弹性比较复杂、变化状态不稳定，而经济增长处于相对稳定状态，因此可以得出结论，脱钩状态受流域水足迹变化影响较大。除 2008 年外，11 年来 GDP 增长弹性总体上处于下降状态，仅 2017 年稍有小幅度回升（0.09）。

（2）双视角分析。参考杨梦杰的双视角分析手段[181]，本小节采用该分析方法分别从水质脱钩和水量脱钩两个角度来进行，由蓝水足迹和灰水足迹共同决定黄河流域的脱钩状态，综合考量水资源消耗和水环境污染的水资源与经济增长的脱钩关系，只有蓝水足迹和灰水足迹与经济增长均达到脱钩状态才能真正实现水资源利用的脱钩，达到水资源利用与经济协调发展的状态。若只从整体进行分析，结果容易受单一水足迹量（蓝水足迹或灰水足迹）的影响而存在偏差。

不论是蓝水足迹还是灰水足迹，均与经济增长脱钩，表明水资源利用与经济增长达到了一定程度的协调发展。蓝水足迹大部分年份处于弱脱钩状态，经济衰退速度的高于水足迹的减少速度；2014年、2015年、2017年处于强脱钩状态。灰水足迹一直处于强脱钩状态，可见灰水足迹的脱钩程度总体比蓝水足迹高，见表8.12。

表 8.12　　　　2008—2017 年黄河流域蓝、灰水足迹与经济发展脱钩状态

年　份	脱　钩　指　数		综合评价脱钩状态		
	蓝水足迹	灰水足迹	蓝水足迹	灰水足迹	脱钩状态
2008	0.17	−0.52	弱脱钩	强脱钩	水质型弱脱钩
2009	0.09	−0.21	弱脱钩	强脱钩	水质型弱脱钩
2010	0.04	−0.10	弱脱钩	强脱钩	水质型弱脱钩
2011	0.23	−1.67	弱脱钩	强脱钩	水质型弱脱钩
2012	0.10	−0.44	弱脱钩	强脱钩	水质型弱脱钩
2013	0.04	−0.30	弱脱钩	强脱钩	水质型弱脱钩
2014	−0.23	−0.31	强脱钩	强脱钩	水量型强脱钩
2015	−0.11	−0.83	强脱钩	强脱钩	水量型强脱钩
2016	0.53	−18.53	弱脱钩	强脱钩	水质型弱脱钩
2017	−0.09	−2.28	强脱钩	强脱钩	水质型强脱钩

2014年、2015年、2017年蓝水足迹和灰水足迹均处于强脱钩状态，说明这3年流域水资源利用与经济增长达到了完美的脱钩状态。因为蓝水足迹和灰水足迹有相同的经济增长弹性变化速率，只需对比水足迹增长变化速率，即水足迹增长变化速率越大，则脱钩指数越大，脱钩程度越高。由此，2014—2015年蓝水足迹强脱钩程度高于灰水足迹，因此为水量型强脱钩；2017年蓝水脱钩程度小于灰水足迹脱钩程度，为水质型强脱钩。与表8.11结合分析，2009年、2011年以及2014—2017年流域总水足迹与经济发展呈现强脱钩状态，而相应年份灰水足迹的脱钩程度除2014—2015年外均高于甚至是远远超过了蓝水足迹，为水质型脱钩。由此得出黄河流域总水足迹呈现强脱钩状态受灰水足迹变化的影响较大，说明流域近年来的环境保护与发展取得了显著成效。

2. 流域分行业水足迹脱钩分析

（1）农业水足迹分析。农业绿水足迹受自然气候影响较大，因此本节不再对其进行详细分析。农业灰水足迹主要来自农畜产品，而农作物种植所用的化肥产生的灰水足迹很少，灰水足迹中农畜产品所占比例较大（75%）。

分别对农业蓝水足迹、灰水足迹分析。2008—2013年，农业蓝水足迹处于弱脱钩状态，但脱钩程度整体处于提高状态，有向强脱钩状态演化的趋势；2014—2017年蓝水足迹总体处于强脱钩状态。相较于其他年份，农业灰水足迹在2015年脱钩状态最糟糕——扩张性负脱钩；2014年、2016年、2017年处于强脱钩状态；其余年份为弱脱钩，见表8.13。

表 8.13 　　　　　　　　2008—2017 年黄河流域农业水足迹与经济发展脱钩状态

年　份	农业脱钩指数					
	总水足迹	脱钩状态	蓝水足迹	脱钩状态	灰水足迹	脱钩状态
2008	0.23	弱脱钩	0.18	弱脱钩	0.43	弱脱钩
2009	0.30	弱脱钩	0.29	弱脱钩	0.44	弱脱钩
2010	−0.02	强脱钩	0.01	弱脱钩	0.01	弱脱钩
2011	0.09	弱脱钩	0.15	弱脱钩	0.25	弱脱钩
2012	0.23	弱脱钩	0.13	弱脱钩	0.43	弱脱钩
2013	0.10	弱脱钩	0.07	弱脱钩	0.02	弱脱钩
2014	−0.23	强脱钩	−0.06	强脱钩	−0.32	强脱钩
2015	7.79	扩张性负脱钩	−2.73	强脱钩	13.59	扩张性负脱钩
2016	1.69	扩张性负脱钩	1.76	弱脱钩	−0.64	强脱钩
2017	−26.83	强脱钩	−22.88	强脱钩	−25.87	强脱钩

对农业总水足迹分析，11 年来农业总水足迹只有 2010 年、2014 年和 2017 年为强脱钩，其中，2010 年受农业经济增长影响较大（$\Delta GDP\%$ 为 0.14，$\Delta WF\%$ 为 −0.003），2014 年和 2017 年脱钩状态受水足迹减少影响较大（2014 年：$\Delta GDP\%$ 为 0.05，$\Delta WF\%$ 为 −0.011；2017 年：$\Delta GDP\%$ 为 0.0005，$\Delta WF\%$ 为 −0.014）；2015—2016 年为扩张性负脱钩，表示经济与水足迹同时增长，但水足迹的增长速度大于经济增长的速度，是 2008—2017 年来脱钩关系最差的阶段；剩余的年份为弱脱钩。

结合农业总水足迹、蓝水足迹、灰水足迹并以绿水足迹作为辅助进行分析，2010 年农业灰水足迹和蓝水足迹均为弱脱钩，而总水足迹出现强脱钩，主要是 2010 年农畜产品绿水足迹下降导致；2015 年总水足迹处于扩张性负脱钩受该年农业灰水足迹影响；2016 年农业蓝水足迹处于弱脱钩，灰水足迹处于强脱钩，而总水足迹处于扩张性负脱钩是因为 2016 年绿水足迹过高导致的，较上一年共增加了 79.3 亿 m^3，大部分是农作物绿水足迹增加（51.3 亿 m^3）。这表明平均降水利用效率提高，根据近几年农业发展进行分析，原因有两个：其一，农作物每公顷产量上升，从而导致利用的绿水足迹利用效率高；其二，近年来各级政府大力推广节水农业技术取得了明显的成效。

（2）工业水足迹分析。2008—2014 年工业蓝水足迹呈现强弱脱钩交替状态且有向强脱钩发展的态势；2015 年蓝水足迹出现弱负脱钩，说明工业经济增长率为负，蓝水足迹持续下降，但蓝水足迹减少的速度低于工业经济衰退的速度；2016 年情况有所好转，出现了扩张性负脱钩，说明此时蓝水足迹减少的速度高于经济增长的速度。工业灰水足迹表现比较稳定，除 2015 年外，2008—2017 年基本全为强脱钩。而 2015 年出现衰退性脱钩，主要是 2015 年的工业增加值下滑所导致。

工业总水足迹比农业总水足迹的脱钩关系更佳，除 2015 年处于衰退性脱钩外，其余年份均为强脱钩，且强脱钩程度较好。衰退性脱钩表示工业经济增长率出现了负值，灰水足迹减少，但灰水足迹减少的速度大于工业增加值下降的速度。结合工业蓝水足迹和灰水足迹同时对总水足迹逐年进行分析，得出一个普遍规律：当工业灰水足迹处于何种脱钩状态，工业总水足迹就处于何种脱钩状态。由此可见，工业总水足迹脱钩状态受工业灰水足迹脱钩状态影响较大，主要为水质型脱钩。

对比上一节——流域总水足迹脱钩分析可知，黄河流域总水足迹受灰水足迹影响较大，而相较于农业灰水足迹，工业灰水足迹的脱钩状态与总灰水足迹的脱钩状态更吻合，工业灰水足迹的减少更能引起流域总灰水足迹的变化，因此可以得出结论：流域强脱钩状态受工业灰水足迹的变化的影响较大（表 8.14）。

表 8.14　　　　2008—2017 年黄河流域工业水足迹与经济发展脱钩状态

年　份	工 业 脱 钩 指 数					
	总水足迹	脱钩状态	蓝水足迹	脱钩状态	灰水足迹	脱钩状态
2008	−0.58	强脱钩	0.01	弱脱钩	−0.65	强脱钩
2009	−0.81	强脱钩	−0.21	强脱钩	−0.67	强脱钩
2010	−0.09	强脱钩	0.03	弱脱钩	−0.12	强脱钩
2011	−1.71	强脱钩	0.15	弱脱钩	−2.11	强脱钩
2012	−0.72	强脱钩	0.03	弱脱钩	−0.86	强脱钩
2013	−0.63	强脱钩	−0.05	强脱钩	−0.69	强脱钩
2014	−1.01	强脱钩	−0.51	强脱钩	−0.65	强脱钩
2015	8.81	衰退性脱钩	0.32	弱负脱钩	9.86	衰退性脱钩
2016	−48.37	强脱钩	1.39	扩张性负脱钩	−74.65	强脱钩
2017	−2.99	强脱钩	0.16	弱脱钩	−5.43	强脱钩

3. 流域各省（自治区）水足迹脱钩分析

除了分行业对黄河流域水足迹进行分析，本书还将该流域各省（自治区）水足迹进行了脱钩分析，结果显示各省（自治区）脱钩情况参差不齐，见表 8.15。

表 8.15　　　　2008—2017 年黄河流域各省（自治区）水足迹与经济发展脱钩状态

省　份	2008 年	2009 年	2010 年	2011 年	2012 年	2013 年	2014 年	2015 年	2016 年	2017 年
青海	0.07	−0.32	0.4	−0.2	−0.07	0.14	−0.02	0.06	0.22	0.14
	B	A	B	A	A	B	A	B	B	B
甘肃	0.002	0.76	−0.12	1.04	0.14	−0.13	0.1	−12.87	−4.84	0.16
	B	B	A	E	B	A	B	A	A	B
宁夏	−0.04	−0.14	−0.1	0.58	−0.3	−0.02	0.1	−4.83	−4.98	−0.38
	A	A	A	B	A	A	B	A	A	A
内蒙古	0.32	0.1	−0.19	0.08	0.01	0.02	0.35	0.06	−1.23	0.21
	B	B	A	B	B	B	B	B	A	B
陕西	−0.27	−0.33	−0.02	−0.18	−0.07	−0.02	−0.02	1.69	−4.15	−0.76
	A	A	A	A	A	A	A	F	A	A
山西	−0.14	−1.58	0.01	−0.65	0.22	−1.24	0.07	0.04	−32.6	−0.14
	A	C	B	A	B	A	B	D	A	A
河南	0.17	0.11	−0.16	−0.39	0.02	0.1	−0.75	0.54	0.19	−0.64
	B	B	A	A	B	B	A	B	B	A
山东	−0.14	0.17	0.26	−0.98	0.18	0.07	0.07	0.01	−0.35	0.22
	A	B	B	A	B	B	B	B	A	B

注　A 代表强脱钩，B 代表弱脱钩，C 代表强负脱钩，D 代表弱负脱钩，E 代表扩张性耦合，F 代表扩张性负脱钩。

青海在 2008—2014 年处于弱脱钩和强脱钩交替状态，2015—2016 年处于弱脱钩状态，与其环境和气候影响有关。甘肃整体处于强脱钩和弱脱钩交替状态，2011 出现扩张性耦合。宁夏水足迹基本处于强脱钩状态；内蒙古与之相反，基本上处于弱脱钩状态，且内蒙古的弱脱钩程度普遍较高，平均脱钩指数为 0.14，2012 年弱脱钩程度最佳（0.01）。陕西除了 2014—2015 年处于扩张性负脱钩状态，其他年份一直处于强脱钩状态，强脱钩程度在 2008—2011 年主要与水足迹下降有关，在 2012—2014 年主要与经济增长有关，在 2016—2017 年又回到了水足迹下降迅猛的阶段。相较于其他省，山西脱钩状态最不稳定，在 2009 年和 2015 年分别出现了强负脱钩和弱负脱钩，这两种脱钩状态均不理想，而且强负脱钩状态是脱钩关系中最不理想的状态——经济下降的同时水足迹却在增长。河南和山东是农业大省，农作物的增产会导致水足迹的增加，因此这两个省份弱脱钩状态较多。

黄河流域各省（自治区）共有 39 个强脱钩和 37 个弱脱钩，其中强脱钩主要集中在陕西（9 个）和宁夏（8 个），弱脱钩主要集中在青海（6 个）、内蒙古（8 个）、河南（6 个）和山东（6 个）。甘肃的强脱钩和弱脱钩个数差不多，整体脱钩关系比较稳定。11 年来，黄河流域脱钩状态在 2015—2016 年变动幅度较大，但基本上水足迹仍然与经济增长脱钩。根据强脱钩和弱脱钩的分布发现，中部地区水足迹与经济发展处于强脱钩状态，而位于黄河流域两端的东、西部地区的水足迹与经济增长处于弱脱钩状态。

8.3.5　影响因素分析

以 2007 年为基期，应用 LMDI 模型对黄河流域 2008—2017 年影响水足迹变化的因素进行分解，得到人口规模（e_p）、产业结构（e_s）、经济水平（e_{Inc}）、技术效应（e_i）4 个驱动效应及相应的脱钩因子，计算结果见表 8.16。

表 8.16　脱钩因子分析表

年　份	ΔWF_i	ΔWF_s	ΔWF_{Inc}	ΔWF_p	e_i	e_s	e_{Inc}	e_p
2008	−829.30	−29.40	854.57	18.64	−1.04	−0.04	1.07	0.02
2009	−234.74	−104.68	350.69	24.97	−0.65	−0.29	0.97	0.07
2010	−728.04	−77.22	752.10	28.40	−1.01	−0.11	1.05	0.04
2011	−795.51	−137.79	724.58	21.88	−1.18	−0.20	1.07	0.03
2012	−316.42	−122.01	441.75	14.72	−0.73	−0.28	1.02	0.03
2013	−381.88	−19.39	392.84	16.41	−0.97	−0.05	1.00	0.04
2014	−273.28	−117.90	306.43	16.94	−0.88	−0.38	0.99	0.05
2015	10.00	−262.12	243.79	20.36	0.04	−1.02	0.95	0.08
2016	−401.97	−198.44	246.82	24.79	−1.58	−0.78	0.97	0.10
2017	−142.38	−373.73	376.63	23.74	−0.38	−0.99	1.00	0.06

2008—2017 年技术效应和产业结构对黄河流域水足迹增长起到负向效应（2015 年起到正向效应），限制了水足迹的增长；经济水平和人口规模对水足迹增长起到正向效应，

推动了水足迹的增长。对影响水足迹增长的因素按从高到低排列依次为：经济水平、技术效应、产业结构、人口规模；经济水平以略微优势超过技术效应对水足迹的影响位居第一。对 2007—2017 年驱动效应进行累计发现，黄河流域水足迹变化的驱动总效应为 -635.15 亿 m^3，即 2017 年较 2007 年累计减少了 -635.15 亿 m^3 水足迹。人口规模、产业结构、经济水平、技术效应对应的驱动效应分别为 210.85 亿 m^3、-1442.68 亿 m^3、4690.20 亿 m^3、-4093.52 亿 m^3。

4 个脱钩因子中人口规模脱钩因子在 2008—2017 年变化不明显，从数值的读取中发现人口规模脱钩因子整体上处于增加状态，对水足迹的脱钩效应一直处于抑制状态。在 2009 年和 2016 年人口增长率较大，人口的急速增加导致水足迹增加，因此在这两个时间段分别出现了峰值。具体划分到黄河流域各省（自治区），结果表明受河南和山东的影响较大。2009 年河南常住人口增加 63.56 万人，较上一年增长了 0.67％，同比增长率为 239％；2016 年山东常住人口增加 78.56 万人，较上一年增长了 0.79％，同比增长率为 37％。4 个脱钩因子的变化情况如图 8.7 所示。

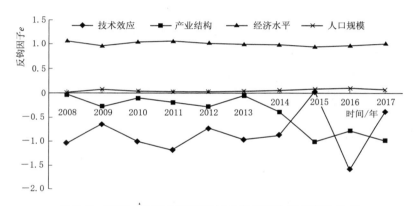

图 8.7　2007—2017 年黄河流域水足迹脱钩因子变化状态

技术效应脱钩因子变化较波折在 -1.0 上下摆动，摆幅较大，但大部分年份其处于抑制水足迹增长、促进水足迹脱钩的状态，技术脱钩因子是农业和工业共同作用的结果，各级农业部门大力推广节水农业技术，不断提高农业生产技术。据《2010 年中国环境状况公报》，陕西、甘肃、青海、宁夏所处的西北地区应用全膜覆盖双垄集雨保墒技术，在 300mm 降水量的丘陵地区，实现了玉米种植，亩增产玉米 200kg 以上，降水利用率达到 70％～80％；棉花采用膜下滴灌技术，亩增产皮棉 15kg 以上，节水 30％以上，节肥 20％以上。这不但可以提高绿水足迹的利用效率，蓝水足迹和灰水足迹都有了一定程度的减少。工业生产能力和政府的环保措施使得工业废水中 COD 的排放量减少，极大地降低了工业灰水足迹。技术效应脱钩因子在 2015 年处于正向促进水足迹增长作用是因为该年农业用水强度增大，工业用水的减少量不足以抵消农业用水的增加量导致技术效应脱钩因子出现正向效应。

经济水平脱钩因子处于小幅下降状态，变化幅度也非常的不明显，结合 2007—2017 年流域总 GDP 一直处于上升状态，说明经济发展的同时并没有促进水足迹增加；产业结构脱钩因子整体上呈现下降趋势，说明产业结构的变化在不断抑制水足迹的增加，并且脱钩强度越来越高。2007年以来，黄河流域产业结构不断优化，农业和工业GDP比重不断减小，第一、第二产业不断向第三产业调整，第三产业逐渐成为拉动经济增长的重要一环。2015年是产业结构脱钩因子最小的一年，这一年也是"十二五"的收官之年，产业结构的优化达到了2011—2015年的顶峰。

第 9 章

城市水循环系统健康发展的对策建议

结合水循环系统健康发展评价、空间均衡评价以及水循环系统与经济增长脱钩关系结果来看，水循环系统健康水平有所提升。但是用水结构的不合理和水质污染问题十分突出。按照现时期以及国家大力推进生态文明建设的要求，为破解未来水循环系统发展的瓶颈问题，需要一系列措施来改善这一状况。而促进城市水循环系统的健康发展是一个涉及经济、社会、资源、环境等多方面的复杂问题。因此，本章基于前文评价结果提出了促进城市水循环系统健康发展的关键问题和对策建议。

9.1 促进城市水循环系统健康发展的关键问题

促进城市水循环系统健康发展的根本出路在于节水，建设节水型社会是节水的根本途径，这无论是在过去还是现在，都是亟待解决的关键问题。《上海市实行最严格水资源管理制度加快推进水生态文明建设的实施意见》指出，到 2030 年，全市用水总量控制在133.52 亿 m^3 以内，万元工业增加值用水量降低到 $30m^3$ 以下，水功能区水质达标率提高到 95％以上，集中式饮用水水源地水质达标率不低于 98％。结合目前城市水循环系统的发展状况，与上述目标还有一定的差距，究其原因是城市水循环的核心环节之一——用水环节的矛盾所造成的。

促进城市水循环系统健康发展所涉及的层面非常广泛，也面临着巨大的挑战。在其发展过程中受到各种错综复杂的关系的影响。正确认识和处理这些关系，尤其是城市水资源、水环境和社会经济之间的关系，才能有针对性地提出促进城市水循环系统健康发展的对策建议。三者之间的关系可以反映在三个方面：一是正确认识经济社会用水与生态环境用水的关系；二是正确认识无限发展和有限水资源的关系；三是正确认识用水公平和用水效率的关系。

9.1.1 社会经济与生态系统的用水关系

长期以来，由于对水资源无节制地开发用以及人为地污染水体，从而引发了一系列不容忽视的环境问题。人类向自然水系统的无限索取已经几乎达到了水环境承载的极限。因此，在用水过程中，一定要坚持绿色发展的理念，合理调控"自然-社会"二元水循环通量，维护水循环系统健康发展。

在过往的城市经济发展模式中，对水资源的使用往往是以需定供。但是由于城市可利用水资源量是相对固定的，供给社会经济系统的水量增加势必会导致生态系统用水量的减少。因此城市的发展必须充分考虑水资源条件，制定合理的目标和规模，将以需定供的水资源使用模式转变为以供定需的模式，转变人们对于水资源的价值认识，正确协调城市社会经济用水和生态环境用水之间的关系。这就要求在城市水资源配置过程中，严格遵循自然规律，使社会水循环对自然水循环的扰动尽可能控制在城市水环境可承载的范围之内，在节约资源、保护环境的前提下实现社会经济的协调发展。

9.1.2　无限发展与有限水资源的关系

经济社会的发展没有止境，尤其是对于像我国这样的发展中国家，发展仍是第一要务。但是水资源数量是有限的，协调这二者关系是城市水循环系统健康发展的关键方面。

由于社会水循环过程中的供、用、耗、排等环节的不完善，容易造成水资源浪费和水质恶化，影响着节水型社会的建设。因此须将传统的经济发展理念转变为循环经济理念，在水资源的开发、利用、排放等环节中真正地实现"减量化、再利用和资源化"。这就要求我们发展模式，在发展过程不能仅关注到发展的规模和速度，更重要的是需考虑发展的质量。同时还要求我们及时地调整城市产业结构，加快高耗水高污染行业的转移速度，提高再生水的使用效率，以降低城市水资源的消耗和污染物的排放。综合来看，要解决无限发展和有限水资源的矛盾，需要加强社会水循环环节调控，按照城市的水资源条件来科学规划社会经济的发展布局。

9.1.3　用水公平和用水效率的关系

用水公平可反映为两个层面：第一，前文的分析也曾指出，用水需求是城市水循环系统演化的内生动力，因此用水公平首先体现在城市不同用水主体水资源分配的公平。需要指出的是，用水公平不同于等量分配，用水需求具有层次性，应该保证人类生存用水的基础上实现水资源在生产和生态中的公平分配。第二，当代人和子孙后代的用水公平，主要反映为水资源的可持续利用。不能只着眼于当前的利益却忽视了长远的利益。

同时，城市社会经济的发展必须进行水资源的开发，其核心就是自然水循环与社会水循环通量的调控问题。因此，要坚持科学的发展观，以可持续发展为宗旨，既要优化配置水资源，又要注重水资源的节约与保护，着力提高水资源利用效率，实现用水公平和公平效率的共赢。

9.2　促进城市水循环系统健康发展的对策建议

城市水循环系统的健康发展需要多学科、多社会领域的共同努力，必须考虑水资源的固有性质——可再生性、脆弱性和整体性，考虑城市的社会经济发展和水环境恢复、水资源利用的协调问题。从宏观上看，水循环的健康与否就在于是否使得在人类用水的同时保持良好的水生态环境。从实证研究结果可以看出，城市水循环系统健康发展水平有所提升，但在大部分评价年份仍处于亚健康状态。其中，对城市水循环系统健康发展影响趋势增强的 13 个指标可以归纳为以下几个因素：水资源开发利用程度、水资源利用效率、水污染程度、人均水资源占有量、用水结构、水资源管理水平等几个方面。本节首先基于实证研究结果提出了促进水循环系统健康发展的 8 条对策建议，如图 9.1 所示。

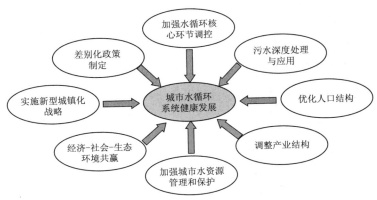

图 9.1　城市水循环系统健康发展实施策略示意图

9.2.1　加强城市水循环系统核心环节的调控

对水资源开发利用程度、水资源使用效率以及水污染程度的调控实质上是对城市水循环系统核心环节的调控。从整体结构上看，城市水循环的核心主要包括取水、用水、排水 3 个环节（水再生回用纳入到取水的环节，污水处理纳入到排水的环节）。当前，城市水资源面临的水资源开发利用程度过高、水资源使用效率低下以及水污染严重问题与这三大环节的失调有密切的关系。其中，在取水环节，主要是社会水循环供给量过大超过了自然水循环的承载能力，导致的一系列生态环境问题；在用水环节，主要是用水效率低下和浪费造成的供水经济成本过高和缺水问题；在排水环节，主要是社会水循环污染通量控制的不力导致水体环境的恶化问题。而上述 3 个环节的调控相互依存、相互影响，用水总量的控制将倒逼用水效率的提高，用水效率的提升将显著降低用水需求量，从而反馈为从自然水循环系统中的取水量的减少。取水总量的控制和用水效率的提高将减轻排出处理的压力，同时促进污水的再生回用。排水段的调控降低水体环境污染的风险，从而增加优质可供水量。可以看出，对于城市水循环的调控，只有形成基于取水、用水、排水 3 个环节的系统调控，才能形成健康的循环，促进城市水循环系统发展目标的整体实现。

城市水循环调控是水资源管理的核心内容，传统非基于水循环系统调控的水资源管理大多基于取水、用水、排水的分离式管理，难以取得良好的效果。基于水循环系统的调控应强调其"红线"管理，在取水环节实现取用水红线控制，在用水环节实现用水效率红线控制，在排水环节实现入河排污红线控制。城市水循环的调控环节如图 9.2 所示。

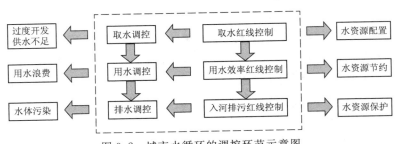

图 9.2　城市水循环的调控环节示意图

9.2.2 污水的深度处理与应用

加强排水环节的排污红线控制可以从源头上减少污染物的排放，但不能杜绝污水排放，城市污废水满足"达标"的要求并不意味着它不会对水环境产生危害，因此还应加强污水的深度处理与应用。世界各国的实践表明，污水是可以被重新利用的，从这个意义上来讲，污水也可以列入水资源的范畴，经过深度处理后甚至可作为城市第二水源。城市污水的再生回用具有明显的优势：第一是具有数量上的稳定性。城市污水排放数量很大，并且不易受气候的影响，污水可作为再生水源的保障；第二是具有经济上的效益性。使用再生水代替新鲜水供给和远距离调水，可以节约成本，更有利于实现水资源的经济效益；第三是具有环境上的保障性。污水经过深度处理后，在很大限度上减轻了城市水环境对污染物的负荷，使更多的水资源参与到城市自然水循环中，有利于实现城市生态环境的良性循环。

基于上述分析，有必要加强城市污水处理环节控制。从基础上设施上，加强城市污水处理厂及其配套设施的构建。从处理环节环节上，采用三级或多级处理工艺。从技术手段上，创新污水处理方法以改善传统方法中"以能消能"或"污染转嫁"的弊端。真正地实现城市污水的再生、再利用和再循环，使城市获得最佳的水资源经济效益、环境效益和社会效益。

9.2.3 优化人口结构

人均水资源占有量除了受水资源总量的影响之外，与人口规模有直接的关系。事实表明，人口规模对水循环系统健康发展具有抑制效应，人口增加将导致水循环系统恶化，需要适度控制人口增长。但是，目前我国面临严重的人口老龄化问题，并且在全面放开"二胎、三孩"政策的前提下，人口增速仍没有显著改善，这不利于我国经济发展。鉴于此，我国应该实施更为积极的人口政策，提高"无孩儿"及"一胎"家庭生育意愿，优化人口年龄结构。同时，从人口就业结构、教育结构、消费结构等方面降低人口规模增加对城市水循环系统健康发展的消极作用，引导居民就业选择资源利用效率高、污染少的行业，提高居民受教育水平，为科技创新提供人才储备，并且倡导绿色消费和理性消费，减缓因需求增加而产生过多的资源消耗。

9.2.4 调整产业结构

实证结果表明，提高第三产业结构能够显著促进城市水循环系统健康发展水平提高。鉴于此，应在产业结构调整中继续提高第三产业在经济发展中的比重，政府应继续从财政、信贷、土地等方面支持第三产业发展、完善产业政策体系、强化激励政策、深化服务业改革、扩大第三产业就业比重，加快产业结构优化升级，使节能环保的第三产业成为经济高质量发展阶段的支柱产业。在促进第三产业发展的同时，需要改善第二产业内部结构，以实现《中国制造 2025》的战略目标作为契机，发展高端装备制造、智能制造，提升资源消耗大、环境污染严重行业的技术水平，淘汰无法进行技术改造的落后产能，降低工业生产中资源投入和污染产出，促进水循环系统的健康发展。

9.2.5 加强城市水资源管理和保护

城市水资源管理及保护的政策法规已比较完善，此类政策的发布实施为其水资源管理和保护提供了政策保障。本书以水资源管理投资占 GDP 比例和水环境投资占 GDP 比例来反映城市水资源管理和保护的程度。显然，投资比例越大，对城市水循环系统健康发展的促进作用越大。未来仍需在以下两点增强水资源管理和保护力度。

第一，继续增加政府投资。城市财政重点支持污水处理、污泥处理处置、河道整治、饮用水水源保护、畜禽养殖污染防治、水生态修复、应急清污等项目和工作。对环境监管能力建设及运行费用分级予以必要保障。

第二，促进多元融资。引导社会资本投入。积极推动设立融资担保基金，推进环保设备融资租赁业务发展。推广股权、项目收益权、特许经营权、排污权等质押融资担保。采取环境绩效合同服务、授予开发经营权益等方式，鼓励社会资本加大水环境保护投入。

9.2.6 建立"经济-社会-生态环境"共赢的循环经济发展模式

城市水循环系统健康发展的内涵要求城市"经济-社会-生态环境"的协调发展，对于我国大部分城市来说，发展仍是第一要务，但是社会经济系统的用水效率较低，水质污染严重，仍是限制其水循环系统健康发展的主要因素，因此有必要建立"经济-社会-生态环境"共赢的循环经济发展模式。

（1）提高经济发展质量，实现经济高质量发展。首先，坚持绿色发展理念，提高资源利用效率，降低水污染排放，尤其是"资源输出型"的城市，在利用资源优势发展经济过程中更应该有计划地实施资源开发及产业结构调整战略，以实现经济可持续发展。其次，对于经济仍处于粗放式发展的城市，则应该积极借助全国经济区域协调发展战略和发达地区对口支援政策，基于地区优势产业完成产业转型升级，尽快实现集约型经济发展方式。最后，经济发达的地区，需要加快产业结构优化升级和产业转移，建设资源节约型、环境友好型社会，从而实现经济高质量发展。

（2）建立"经济-社会-生态环境"共赢的循环经济发展模式。首先，在经济发展过程中实施"资源源头控制为主、污染末端治理为辅"的生态经济发展模式，扩大清洁能源使用范围，摒弃"先污染后治理"的"事后治理"模式。其次，加强社会经济发展的过程控制，提高资源循环利用程度，以资源"减量化、再使用、再循环"作为生产行为准则，使得经济系统与生态系统的物质循环相协调。最后，加强成果控制，提倡居民消费绿色产品，提高社会对绿色产品的认可度，发展功能经济和分享经济，以便充分利用过剩产能、促进供给侧结构性改革，实现经济-社会-生态环境协调发展，进而促进城市水循环系统的健康发展。

9.2.7 实施新型城镇化战略、提高城镇化质量

从宏观上看，以上各因素均与提高城镇化发展质量相关。近年来我国粗放的城镇化在拉动经济发展的同时，也带来了投资消费失衡、资源浪费、环境破坏等突出问题，因此，有必要实施新型城镇化战略，提高城镇化质量，促进水循环系统健康发展状态的提升。

122

首先，转变过去粗放的城镇化方式，注重城镇基础设施建设，包括供水、污水处理等生态基础设施，提高城市环境承载力，避免因城镇人口规模增加、产业集聚导致的生态失衡。其次，提高土地利用集约度，协调居住用地、产业用地和绿化用地之间的关系，扩大城市绿化面积，注重宜居生态工程建设，提高城镇化质量。再次，城镇化进程的核心是人，提升居民城镇主人翁地位，提高城镇居民的节水意识，普及家庭节水设施，减少生活污水排放。最后，在人口从第一产业转移至第二、第三产业的过程中，引导人口向生产性服务业转移，提高城市资源利用效率高、污染少的产业比重，从而促使城镇化进程对水循环系统的发展表现出积极作用。

9.2.8　制定差别化的促进城市水循环健康发展的政策

不同城市的水循环系统健康发展的态势是不同的，这主要是由于不同地区的经济发展水平、资源禀赋、气候条件等方面存在较大差异。因此，有必要结合不同地区社会经济发展情况，因地制宜地制定、实施差别化的经济环境政策，这对我国实现经济高质量发展和生态文明建设具有重要的意义。

对于水循环发展状态较好的城市，首先应该进一步深化产业结构转型升级，优化资源配置。推进三高（高耗水、高污染、高能耗）行业"关停并转"，对于无法转移或关闭的低端技术行业，则通过改善内部生产技术，实现技术改造升级，提高水资源利用效率。其次，利用积极的产业政策，鼓励高新技术产业增加研发投入比例，以及节能环保产业发展，形成经济高质量发展的增长点。再次，健全人才引进制度，利用城市丰富的高科技专业人才和先进的绿色生产技术，持续推进创新驱动发展战略，提高技术效率、规模效率和技术规模在技术进步中的作用。最后，利用先进的技术，开发、推广清洁能源和污染处理技术，提高产品附加值；同时，倡导居民形成合理消费、绿色消费理念，从末端推动经济高质量发展，进一步提高水循环系统的健康程度。

对于水循环发展状态不好的城市，首先，应主动加强与发达的技术合作与交流，有甄别地承接发达城市转移的低污染、低耗能的行业，充分利用自身资源优势。其次，不同地区采取不同的措施，如工业型城市，应充分发挥重工业的产业优势和实力，加快更新落后的技术设备，实现工业发展高端化；而资源输出型城市则应该推进城市转型发展，降低资源在经济发展中的比重，寻求新的经济增长点。再次，提高城市环境规制水平，制定严格的环境约束指标，提高节能减排标准，严格筛选投资企业，通过水权、排污权等市场机制约束企业生产过程，避免走"先污染后治理"的老路；最后，提高城市环境承载力，提高污水处理能力，尽快实现水循环系统的健康发展。

第 10 章

结 论 及 展 望

本章对本书所做研究进行回顾性梳理，总结本书的研究结论及学术贡献，同时也理性地看待本研究的不足和局限，并以此对未来的研究做出展望。

10.1 主要结论

本书首先在分析中国水资源现状及国内外城市水循环系统相关研究成果的基础上，界定了相关概念，梳理了城市水循环系统健康发展理论基础，进而构建了本书的研究框架。其次，深入探讨了在城市社会经济快速发展下水循环系统的结构、模式以及城市自然水循环和社会水循环的相互影响机理，在此基础上提出了城市水循环系统健康发展的概念和内涵。随后，提出了评价指标选择的 E-R 模型，基于 PSR 框架模型构建了城市水循环系统健康发展评价指标体系，在此基础上借助集对指数势模型探究考察期内各评价指标对城市水循环系统健康发展的影响程度及其变化趋势。最后，利用可变模糊集模型对城市 2007—2017 年的水循环系统健康发展状况进行评价。本书得出以下结论：

（1）城市水循环系统在经济社会发展的影响下不断发生演化。城市水循环系统演化的内生动力为用水需求，在供水侧的配给机制和需水侧的约束机制影响下，呈现一种渐进、有序的系统发育和功能完善过程。从循环模式上看，由单一的自然水循环转变为城市"自然-社会"二元水循环模式；从循环结构上看，由简单的"供水-用水-排水"转变为"供水-用水-内部回用-污水处理-外部回用-排水"的复杂结构。

（2）城市水循环系统的健康发展要实现其发展的效益性、持续性和协调性，在一系列外部条件和内部条件的影响下表现出独特的自组织特征和被组织特征。由此，本书结合河流健康、社会用水健康等概念提出了城市水循环系统健康发展的概念：城市内人类社会活动应该遵循水的自然运动规律，城市社会经济系统的发展对城市水循环系统结构和功能的影响以不扰动水的生态及社会服务功能为基本原则，实现水资源合理开发、高效的利用、减少污水排放，保证城市水的自然循环和社会循环协调发展，从而实现城市水资源系统、水环境系统和社会经济系统的可持续发展。

（3）评价指标对于城市水循环系统健康发展的影响趋势具有动态性。影响城市水循环系统健康发展的评价指标具有模糊性和复杂性，可以运用集对分析理论及模型量化各个评价指标对城市水循环系统健康发展的影响趋势。在本书选取的 31 个指标中，有 13 个指标处于反势态势，也就是说这 13 个评价指标表现出对城市水循环系统健康发展的影响呈增强趋势。有 1 个指标处于均势态势，也就是说这一个指标对城市水循环系统健康发展的影响趋势不明显。剩余的 17 个指标处于同势态势，也就是说这 17 个评价指标表现出对城市水循环系统健康发展的影响呈减弱趋势。而且，各个指标随着每年指标值的不同，所表现出的对城市水循环系统健康发展的影响趋势有所不同。

（4）城市水循环系统健康发展的综合评价等级持续提升。由 2007 年的 3.28 下降到 2017 年的最佳值 2.34，2007—2014 年归于等级 3，即亚健康级别，在 2015—2017 年归于等级 2，即健康级别。尽管城市水循环健康发展的状况有所提升，但其经济发展对水资源环境仍有一定的负面影响，尤其是用水结构的不合理和水质污染问题十分突出。因此，需要更有效的水管理措施，以减轻水循环系统发展的压力，改善水循环系统发展的状态。

（5）河南省 2020 年水循环空间均衡状态为一般失衡且各地市水循环空间均衡具有一定的空间差异。整体上河南省水循环与耕地资源的匹配程度处于正常水平；河南省水资源与人口的空间匹配状态低；河南省水循环与生产总值的空间匹配状态同样较低。

（6）黄河流域水足迹与经济的增长整体处于脱钩状态，大部分年份总水足迹呈下降趋势，蓝水足迹在 2013—2017 年基本处于强脱钩状态，灰水足迹几乎一直处于强脱钩状态。从整体、农业和工业的角度来看，2007—2016 年工业水足迹与工业经济增长脱钩关系要优于农业水足迹与农业经济增长脱钩关系，2016—2017 年则是农业情况较优。农业中绿水足迹占比最高，2007 年以来，农业蓝水足迹与农业经济增长处于弱脱钩与强脱钩交替状态，说明农业绿水利用率提高，体现了黄河流域近年来的农业节水已有成效。

10.2 研究展望

本书基于现有文献梳理，对社会经济快速发展下的城市水循环系统健康发展状态进行了评价，并从理论分析的角度研究了城市水循环健康发展的影响因素，这对于实现城市水资源、水环境协调可持续发展具有重要的理论和现实意义。但由于本人研究能力、研究视野和研究水平的局限，本研究仍只是对城市水循环系统的初步尝试性研究，在今后的研究和实践中作者将从以下几个方面做进一步研究：

（1）研究区域的拓展。本书对水循环系统的评价是从城市角度展开的，然而，水循环系统的健康发展是全球化的话题，仅以城市为例进行评价研究存在一定的局限。农村的水循环系统健康发展的目标和条件与城市差距较大，水循环的表现和健康内涵也会有所不同。因此，下一步研究将会针对水循环健康发展的空间差异和空间效应展开，以完善关于水循环系统健康发展的评价研究。

（2）评价指标体系的拓展。城市水循环系统健康发展评价要兼顾经济系统、社会系统、水资源系统和水环境系统的均衡，然而本研究对指标体系的构建存在进一步完善和深化的空间。首先，经济发展与科技的进步有着密切的关系，本书未考虑科技进步对水循环的影响；其次，社会系统中未考虑人们节水意识的进步对水循环的影响，这需要在下一阶段研究中进行完善和深化。

参 考 文 献

[1] 陆杰华，孙晓琳. 环境污染对我国居民幸福感的影响机理探析 [J]. 江苏行政学院学报，2017 (4)：51 - 58.

[2] 苏伟洲. 水资源承载力与城市经济社会协调发展研究 [D]. 成都：西南交通大学，2017.

[3] Chen C W，Wang J H，Wang J C，et al. Developing indicators for sustainable campuses in Taiwan using fuzzy Delphi method and analytic hierarchy process [J]. Journal of Cleaner Production，2018 (193)：661 - 671.

[4] 秦大庸，陆垂裕，刘家宏，等. 流域"自然-社会"二元水循环理论框架 [J]. 科学通报，2014 (Z1)：419 - 427.

[5] 王浩，贾仰文. 变化中的流域"自然-社会"二元水循环理论与研究方法 [J]. 水利学报，2016，47 (10)：1219 - 1226.

[6] Brown R R，Keath N，Wong T H F. Urban water management in cities：historical，current and future regimes [J]. Water Science and Technology，2009，59 (5)：847 - 855.

[7] Marlow D R，Moglia M，Cook S，et al. Towards sustainable urban water management：A critical reassessment [J]. Water Research，2013，47 (20)：7150 - 7161.

[8] Plummer R，Velaniskis J，de Grosbois D，et al. The development of new environmental policies and processes in response to a crisis：the case of the multiple barrier approach for safe drinking water [J]. Environmental Science & Policy，2010，13 (6)：535 - 548.

[9] Wang Q，Jiang R，Li R. Decoupling analysis of economic growth from water use in City：A case study of Beijing，Shanghai，and Guangzhou of China [J]. Sustainable Cities and Society，2018，(41)：86 - 94.

[10] Cook C，Bakker K. Water security：Debating an emerging paradigm [J]. Global En-vironmental Change - Human and Policy Dimensions，2012，22 (1)：94 - 102.

[11] Feng L H，Sang G S，Hong W H. Statistical Prediction of Changes in Water Resources Trends Based on Set Pair Analysis [J]. Water Resources Management，2014，28 (6)：1703 - 1711.

[12] Voeroesmarty C J，McIntyre P B，Gessner M O，et al. Global threats to human water security and river biodiversity [J]. Nature，2010，467 (7315)：555 - 561.

[13] Chen Z，Ngo H H，Guo W，et al. Analysis of social attitude to the new end use of recycled water for household laundry in Australia by the regression models [J]. Journal of Environmental Management，2013，126 (14)：79 - 84.

[14] Troy T J，Pavao - Zuckerman M，Evans T P. Debates - Perspectives on socio - hydrology：Socio - hydrologic modeling：Tradeoffs，hypothesis testing，and validation [J]. Water Resources Research，2015，51 (6)：235 - 243.

[15] Merrett S. Integrated water resources management and the hydro - social balance [J]. Water International，2004，29 (2)：148 - 157.

[16] Bakker，K. Water：political，bio political，material [J]. Social Studies of Science，2012，42 (4)：616 - 623.

[17] Lu S，Zhang X，Bao H，et al. Review of social water cycle research in a changing environment [J]. Renewable & Sustainable Energy Reviews，2016，63：132 - 140.

[18] Budds，J. Contested H_2O：science，policy and politics in water resources management in Chile [J]. Geoforum，2009，40 (3)：418 - 430.

[19] Linton，J. Is the hydrologic cycle sustainable? A historical－geographical critique of a modern concept [J]. Annals of the Association of American Geographers，2008，98（3）：630－649.

[20] Falkenmark M. Society's interaction with the water cycle：a conceptual framework for a more holistic approach [J]. International Association of Scientific Hydrology Bulletin，1997，42（4）：451－466.

[21] Liu J，Thomas D，Stephen R，et al．Coupled human and natural systems [J]. Ambio，2007，36（8）：593－596.

[22] Linton J，Budds J. The hydrosocial cycle：Defining and mobilizing a relational－dialectical approach to water [J]. Geoforum，2014（57）：170－180.

[23] Hardy M J. Integrated urban water cycle management：the urbancycle model [J]. Water Science & Technology，2005，52（9）：1－9.

[24] Amores M J，Meneses M，Pasqualino J，et al. Environmental assessment of urban water cycle on Mediterranean conditions by LCA approach [J]. Journal of Cleaner Production，2013，43：84－92.

[25] Uche J，Martínez－Gracia A，Cirez F，et al. Environmental impact of water supply and water use in a Mediterranean water stressed region [J]. Journal of Cleaner Production，2015. 88（17）：196－204.

[26] Montanari A，Young G，Savenije H，et al. "Panta Rhei—Everything Flows"：Change in hydrology and society—The IAHS Scientific Decade 2013－2022 [J]. Hydrological Sciences Journal，2013，58（6）：1256－1275.

[27] Sarah S，Bogner F X，Morais P V. Is there more than the sewage plant? University freshmen's conceptions of the urban water cycle [J]. PLOS ONE，2018，13（7）：1－14.

[28] Opher T，Shapira A，Friedler E. A comparative social life cycle assessment of urban domestic water reuse alternatives [J]. International Journal of Life Cycle Assessment，2018，23（6），1315－1330.

[29] Petit－Boix A，Devkota J，Phillips R，et al. Life cycle and hydrologic modeling of rainwater harvesting in urban neighborhoods：Implications of urban form and water demand patterns in the US and Spain [J]. Science of the Total Environment，2018，621：434－443.

[30] Wei H B，Wang Y M，Wang M N. Characteristic and pattern of urban water cycle：theory [J]. Desalination and Water Treatment，2018. 110：349－354.

[31] Shakhsi－Niaei M，Salehi Esfandarani M. Multi－objective deterministic and robust models for selecting optimal pipe materials in water distribution system planning under cost，health，and environmental perspectives [J]. Journal of Cleaner Production，2019，207：951－960.

[32] Lee J，Pak G，Yoo C，et al. Effects of land use change and water reuse options on urban water cycle [J]. Journal of Environmental Sciences，2010，22（6）：923－928.

[33] 朱惇，贾海燕，周琴．汉江中下游河流健康综合评价研究 [J]. 水生态学杂志，2019，40（1）：1－8.

[34] 周振民，樊敏．基于 PSR－改进模糊集对分析模型的河流健康评价 [J]. 中国农村水利水电，2018（12）：77－81，86.

[35] 高若禹．渭河干流陕西段河流健康内涵及评价浅析 [J]. 地下水，2018，40（5）：204－206.

[36] 刘存，徐嘉，张俊，等．国内河流健康研究综述 [J]. 海河水利，2018（4）：6－12.

[37] 王浩，龙爱华，于福亮，等．社会水循环理论基础探析 I：定义内涵与动力机制 [J]. 水利学报，2011，39（4）：379－387.

[38] 龙爱华，王浩，于福亮，等．社会水循环理论基础探析 II：科学问题与学科前沿 [J]. 水利学报，2011，42（5）：505－513.

[39] 潘宇，容思亮．基于健康水循环理论的大理市海东新区水资源配置研究 [J]. 环境科学导刊,2018,37（S1）：38－43.

[40] 李文生，许士国．流域水循环的人工影响因素及其作用 [J]. 水电能源科学，2007（4）：28－32.

[41] 张杰，熊必永．城市水系统健康循环的实施策略 [J]. 北京工业大学学报，2004，30（2）：

185 – 189.

[42] 张杰，李冬．水环境恢复与城市水系健康循环研究 [J]．中国工程科学，2008，34（5）：136 – 146.

[43] 王鹏飞．深圳经济特区城市用水健康循环与污水资源化研究 [D]．北京：北京工业大学，2013.

[44] 徐华，张岩，白玉华，等．延吉市水系统健康循环与生态恢复研究 [J]．水利科技与经济，2011，17（10）：31 – 34.

[45] 陈刚，桑学锋，顾世祥，等．多源水联合调度重构滇池流域健康水循环模式 [J]．湖泊科学，2018，30（1）：57 – 69.

[46] 赵耀东，刘翠珠，杨建青．气候变化及人类活动对地下水的影响分析——以咸阳市区为例 [J]．水文地质工程地质，2014，41（1）：1 – 6.

[47] Carey M，Baraer M，Mark B G，et al. Toward hydro – social modeling：Merging human variables and the social sciences with climate – glacier runoff models (Santa River，Peru) [J]. Journal of Hydrology，2014（518）：60 – 70.

[48] Sivapalan M. Debates—Perspectives on socio – hydrology：Changing water systems and the "tyranny of small problems" – Socio – hydrology [J]. Water Resources Research，2015，51（6）：4795 – 4805.

[49] Sivapalan M，Savenije H H G，Blöschl G. Socio – hydrology：A new science of people and water [J]. Hydrological Processes，2012，26（8）：1270 – 1276.

[50] Zhang X，Dong Q，Costa V，et al. A hierarchical Bayesian model for decomposing the impacts of human activities and climate change on water resources in China [J]. The Science of the total environment，2019（665）：836 – 847.

[51] Hou J W，Ye A Z，You J J，et al. An estimate of human and natural contributions to changes in water resources in the upper reaches of the Minjiang River [J]. Science of the Total Environment，2018（635）：901 – 912.

[52] Wada Y，Bierkens M F P，de Roo A，et al. Human – water interface in hydrological modelling：current status and future directions [J]. Hydrology and Earth System Sciences，2017，21（8）：4169 – 4193.

[53] Bellin A，Majone B，Cainelli，et al. A continuous coupled hydrological and water resources management model [J]. Environmental Modelling & Software，2016（75）：176 – 192.

[54] Adnan M S，Shimatani Y，Abd Rashid Z. Anthropogenic impacts on water quality and water resources of the Pahang River，Malaysia [J]. Hydrological Cycle and Water Resources Sustainability in Changing Environments，2011（350）：90 – 95.

[55] Bai P，Liu W，Guo M. Impacts of climate variability and human activities on decrease in streamflow in the Qinhe River，China [J]. Theoretical and Applied Climatology，2014，117（1 – 2）：293 – 301.

[56] Ren L L，Wang M R，Li C H，et al. Impacts of human activity on river runoff in the northern area of China [J]. Journal of Hydrology，2002，261（1 – 4）：204 – 217.

[57] 李文倩．人类活动对玛河流域绿洲平原区的水循环影响研究 [D]．石河子：石河子大学，2016.

[58] 陈晓宏，涂新军，谢平，等．水文要素变异的人类活动影响研究进展 [J]．地球科学进展，2010，25（8）：800 – 811.

[59] 谢瑾博，曾毓金，张明华，等．气候变化和人类活动对中国东部季风区水循环影响的检测和归因 [J]．气候与环境研究，2016，21（1）：87 – 98.

[60] 汤秋鸿，黄忠伟，刘星才，等．人类用水活动对大尺度陆地水循环的影响 [J]．地球科学进展，2015，30（10）：1091 – 1099.

[61] 徐威．那棱格勒河冲洪积平原地下水循环模式及其对人类活动的响应研究 [D]．吉林：吉林大学，2015.

[62] 刘正茂，夏广亮，吕宪国．近50年来三江平原水循环过程对人类活动和气候变化的响应 [J]．南

水北调与水利科技，2011，9（1）：68－74.

［63］ Ma H L，Chou N T，Wang L. Dynamic Coupling Analysis of Urbanization and Water Resource Utilization Systems in China［J］. Sustainability，2016，8（11）：18.

［64］ Li J Z，Zhu X，Li J B，et al. Relationships between urbanization and water resource utilization in Dongting Lake District of South－central China［J］. The journal of applied ecology，2013，24（6），1677－1685.

［65］ Zhang S，Shi P，Wang P. Analysis of Coupling between Urbanization and Water Resources and Environment of Shiyang River Basin－A Case Study of Liangzhou District［C］. Proceeding of the 5th International Yellow River Forum on Ensuring Water Right of the River's Demand and Healthy River Basin Maintenance，2015（1）：156－163.

［66］ Zhao Y B，Wang S J，Zhou C S. Understanding the relation between urbanization and the eco－environment in China's Yangtze River Delta using an improved EKC model and coupling analysis［J］. Science of the Total Environment，2016（571），862－875.

［67］ 陈浩，黄绵松，刘建. 青岛市城市化与水环境耦合协调关系评估［J/OL］. 人民黄河：1－12［2019－03－21］.

［68］ 吉婷婷，倪立奇. 苏州城市化与水资源环境耦合关系时序特征研究［J］. 人民长江，2018，49（21）：49－55.

［69］ 麦地那·巴合提江，阿不都沙拉木·加拉力丁，盛永财，等. 乌鲁木齐市城市化与水资源协调度分析［J］. 人民长江，2018，49（7）：42－46，51.

［70］ 陈晓. 南京市城市化与水资源的协调发展分析［J］. 人民珠江，2017，38（7）：40－44.

［71］ Gao Y，Zhang H M，Xu G W，et al. Sustainable Utilization Evaluation on Water Resources Base on Matter Element Analysis in Huaibei City［J］. Advanced Materials Research，2012，4：610－613.

［72］ Tang L，Zhang W J. Fuzzy Comprehensive Evaluation for Water Resources Sustainable Utilization of Ningxia［J］. Advanced Materials Research，2012（446－449）：2770－2775.

［73］ Zhang X Q，Zhang L J. Water Resources Sustainable Utilization Evaluation Method Based on Projection Pursuit Model［C］. Proceedings of the 1st International Conference on Sustainable Construction & Risk Management. 2010，1（21）875－879.

［74］ Tang L，Zhang W B. Sustainable Utilization of Regional Water Resource in Yin Chuan City Based on Fuzzy Matter－Element Model［J］. Advanced Materials Research，2013（472－475）：2102－2107.

［75］ Kong B，He B，Nan X，et al. The Evaluation of Water Resources Sustainable Utilization in Kosi Basin Based on DPSIR Model［J］. Geo－Informatics in Resource Management and Sustainable Ecosystem，2016（569）：537－548.

［76］ 张杰，邓晓军，翟禄新，等. 基于熵权的广西水资源可持续利用模糊综合评价［J］. 水土保持研究，2018，25（5）：385－389，396.

［77］ 王芳. 基于集对分析法的水资源可持续利用分析［J］. 能源与节能，2019（1）：76－77，150.

［78］ 门宝辉，刘焕龙. 基于模糊集对分析的京津冀水资源可持续利用评价［J］. 华北水利水电大学学报（自然科学版），2018，39（4）：79－88.

［79］ 陈午，许新宜，王红瑞，等. 基于改进序关系法的北京市水资源可持续利用评价［J］. 自然资源学报，2015，30（1）：164－176.

［80］ 石黎，史玉珍. 基于粗集和BP神经网络的城市水资源可持续利用评价模型［J］. 水电能源科学，2014，32（6）：22－24，32.

［81］ 佟金萍，马剑锋，王慧敏，等. 农业用水效率与技术进步：基于中国农业面板数据的实证研究［J］. 资源科学，2014，36（9）：1765－1772.

［82］ Meng G，Qiu Y，Liu Y，et al. Application Study on Industrial Water Efficiency Evaluation by First－Order Directory Sampling［C］. 2016 International Congress on Computation Algorithms in Engineering

(Iccae 2016)，2016，221 – 226.

[83] Legesse G，Cordeiro M R C，Ominski K H，et al. Water use intensity of Canadian beef production in 1981 as compared to 2011 [J]. Science of The Total Environment，2018（619 – 620）：1030 – 1039.

[84] Zhang X，Qi Y，Wang Y，et al. Effect of the tap water supply system on China's economy and energy consumption，and its emissions'impact [J]. Renewable and Sustainable Energy Reviews，2016（64）：660 – 671.

[85] Fang S B，Jia R F，Fang S B，et al. The Ecological Water Use Efficiency Evaluation of City's Riverway [J]. Applied Mechanics and Materials，2013（295 – 298）：661 – 668.

[86] Souza G d S e，De Faria R C，Moreira T B S. Estimating the relative efficiency of brazilian publicly and privately owned water utilities：A stochastic cost frontier approach [J]. Journal of the American Water Resources Association，2007，43（5）：1237 – 1244.

[87] Tang J J，Folmer H，Xue J H，et al. The impacts of management reform on irrigation water use efficiency in the Guanzhong plain，China [J]. Papers in Regional Science，2014，93（2）：22.

[88] Filippini M，Hrovatin N，Zoric J. Cost efficiency of Slovenian water distribution utilities：an application of stochastic frontier methods [J]. Journal of Productivity Analysis，2008，29（2）：169 – 182.

[89] Guerrini A，Romano G，Leardini C. Economies of scale and density in the Italian water industry：A stochastic frontier approach [J]. Utilities Policy，2018（52）：103 – 111.

[90] 雷玉桃，黄丽萍，张恒. 中国工业用水效率的动态演进及驱动因素研究 [J]. 长江流域资源与环境，2017，26（2）：159 – 170.

[91] 盖美，吴慧歌，曲本亮. 新一轮东北振兴背景下的辽宁省水资源利用效率及其空间关联格局研究 [J]. 资源科学，2016（7）：1336 – 1349.

[92] Morales M，Heaney J. Benchmarking Nonresidential Water Use Efficiency Using Parcel – Level Data [J]. Journal of Water Resourse Pianning and Management，2016，142（3）：40150641 – 40150649.

[93] 钱文婧，贺灿飞. 中国水资源利用效率区域差异及影响因素研究 [J]. 中国人口、资源与环境，2011（2）：54 – 60.

[94] 崔丹，周玉玺. 山东省工业用水效率的空间差异性及其影响因素分析 [J]. 资源开发与市场，2017（10）：1209 – 1213.

[95] Mu L，Fang L，Wang H，et al. Exploring Northwest China's agricultural water – saving strategy：analysis of water use efficiency based on an SE – DEA model conducted in Xi'an，Shaanxi Province [J]. Water Science and Technology，2016，74（5）：1106 – 1115.

[96] Lorenzo – Toja Y，Vázquez – Rowe I，Marín – Navarro D，et al. Dynamic environmental efficiency assessment for wastewater treatment plants [J]. The International Journal of Life Cycle Assessment，2018，23（2）：357 – 367.

[97] Li J，Ma X. Econometric analysis of industrial water use efficiency in China [J]. Environment，Development and Sustainability，2015，17（5）：1209 – 1226.

[98] Grant S B，Saphores J D，Feldman D L，et al. Taking the "Waste" Out of "Wastewater" for Human Water Security and Ecosystem Sustainability [J]. Science，2012，337（6095）：681 – 686.

[99] Chen Z，Wei S. Application of System Dynamics to Water Security Research [J]. Water Resources

Management，2014，28（2），287 - 300.

[100] 陈祖军，李广鹏，谭显英. 华东沿海城市水资源安全概念及未来战略示范研究 [J]. 水资源保护，2017（6）：42 - 50.

[101] Qadeer T，Li Z. A Fuzzy Multi - Criteria Evaluation Method of Water Resource Security Based on Pressure - Status - Response Structure [C]. International Conference on Management Science & Engineering Management. Springer，Cham，2017.

[102] Sun D L，Wu J P，Zhang F T，et al. Evaluating Water Resource Security in Karst Areas Using DPSIRM Modeling [J]. Gray Correlation，and Matter - Element Analysis. Sustainability，2018，10（11）：16.

[103] Dong G H，Shen J Q，Jia Y Z，et al. Comprehensive Evaluation of Water Resource Security：Case Study from Luoyang City，China [J]. Water，2018，10（8）：1106.

[104] Liu L Y，Guan D J，Yang Q W. Evaluation of Water Resource Security Based on an MIV - BP Model in a Karst Area [J]. Water，2018，10（6）：17.

[105] 张凤太，王腊春，苏维词. 基于 DPSIRM 概念框架模型的岩溶区水资源安全评价 [J]. 中国环境科学，2015，35（11）：3511 - 3520.

[106] 杨振华，周秋文，郭跃，等. 基于 SPA - MC 模型的岩溶地区水资源安全动态评价——以贵阳市为例 [J]. 中国环境科学，2017，37（4）：1589 - 1600.

[107] 张喆，何太蓉，舒瑞琴，等. 基于 WPI 模型的重庆市水资源安全分析 [J]. 长江科学院院报，2016，33（4）：1 - 5，15.

[108] 邵骏，欧应钧，陈金凤，等. 基于水贫乏指数的长江流域水资源安全评价 [J]. 长江流域资源与环境，2016，25（6）：889 - 894.

[109] Chang Y T，Liu H L，Bao A M，et al. Evaluation of urban water resource security under urban expansion using a system dynamics model [J]. Water Science and Technology - Water Supply，2015，15（6）：1259 - 1274.

[110] 位帅，陈志和，梁剑喜，等. 基于 SD 模型的中山市水资源系统特征及其演变规律分析 [J]. 资源科学，2014，36（6）：1158 - 1167.

[111] 刘丽颖，黄孝勇，杨荣汀，等. 重庆水资源安全情景模拟及预测研究 [J]. 重庆工商大学学报（自然科学版），2018，35（5）：106 - 113.

[112] 唐志强，曹瑾，党婕. 水资源约束下西北干旱区生态环境与城市化的响应关系研究——以张掖市为例 [J]. 干旱区地理，2014，37（3）：520 - 531.

[113] Bao C，Fang C. Water resources constraint force on urbanization in water deficient regions：A case study of the Hexi Corridor，arid area of NW China [J]. Ecological Economics，2007，62（3 - 4）：508 - 517.

[114] Tang L，Zhang W. Research on Assessment index system for Sustainable Utilization of Urban Water Resources [J]. Advances in Hydrology and Hydraulic Engineering，2012，212 - 213：569 - 573.

[115] Chai C，Yang X. The Framework of the Evaluation Index System for Sustainable Water Resources Utilization and Protection in Xiaolangdi - Huayuankou Area [J]. Proceedings of the 1st International Yellow River Forum on River Basin Management，2003，（1）：335 - 339.

[116] Wojcik V，Dyckhoff H，Gutgesell S. The desirable input of undesirable factors in data envelopment analysis [J]. Annals of Operations Research，2017，259（1 - 2）：461 - 484.

[117] Worthington A C. A review of frontier approaches to efficiency and productivity measurement in urban water utilities [J]. Urban Water Journal, 2014, 11 (1): 55 - 73.

[118] D′ Inverno G, Carosi L, Romano G, et al. Water pollution in wastewater treatment plants: An efficiency analysis with undesirable output [J]. European Journal of Operational Research, 2018, 269 (1): 24 - 34.

[119] 黄文琳, 王鹏, 杜温鑫, 等. 基于 DPSIR 模型与集对分析法的三峡库区水生态安全评价 [J]. 中国市场, 2017 (14): 33 - 35.

[120] 代稳, 王金凤, 马士彬, 等. 基于集对分析法的水资源安全综合评价研究 [J]. 水科学与工程技术, 2014 (4): 38 - 41.

[121] Sun J, Yu X, Xiao Q, et al. Utilization Characteristics and Sustainability Evaluation of Water Resources in China [J]. Water, 2018, 10 (9): 1142.

[122] Roveda J A F, Arashiro L T, Roveda S R M M, et al. Fuzzy Index for Public Supply Water Quality [C]. Ifsa World Congress & Nafips Meeting. IEEE, 2013.

[123] 张国玉, 谢晨, 李舒, 等. 2000 年以来我国用水效率指标变化趋势研究 [J]. 人民黄河, 2018, 40 (10): 36 - 39, 60.

[124] 潘忠文, 徐承红. 我国水资源利用与经济增长脱钩分析 [J]. 华南农业大学学报 (社会科学版), 2019 (2): 1 - 12

[125] 韩磊, 潘玉君, 高庆彦, 等. 基于 PSR 和无偏 GM (1, 1) 模型的云南省耕地生态安全评价与预测 [J]. 生态经济, 2019, 35 (2): 148 - 154.

[126] Song X, Frostell B. The DPSIR Framework and a Pressure - Oriented Water Quality Monitoring Approach to Ecological River Restoration [J]. Water, 2012, 4 (3): 670 - 682.

[127] 雷冬梅, 徐晓勇. 城镇化背景下滇池流域生态系统健康评价指标体系研究 [J]. 资源开发与市场, 2018, 34 (7): 902 - 906.

[128] 宋松柏. 区域水资源可持续利用指标体系及评价方法研究 [D]. 杨凌: 西北农林科技大学, 2003.

[129] 李敏, 陈守煜. 考虑区间值的相对隶属函数与传统模糊分布函数的比较 [J]. 数学的实践与认识, 2013, 43 (10): 201 - 205.

[130] 高永卉. 泛长三角城乡一体化测度和评价 [D]. 合肥: 合肥工业大学, 2010.

[131] 唐梦亭. 从中国实践谈马克思主义社会大系统的划分 [J]. 重庆师范大学学报 (哲学社会科学版), 2014 (6): 70 - 73.

[132] 薛丽芳. 面向流域的城市化水文效应研究 [D]. 徐州: 中国矿业大学, 2009.

[133] 张振龙. 新疆城镇化与水资源耦合协调发展研究 [D]. 乌鲁木齐: 新疆大学, 2018.

[134] 何艳梅. 国际河流水资源公平和合理利用的模式与新发展: 实证分析、比较与借鉴 [J]. 资源科学, 2012 (2): 229 - 241.

[135] 孙丹儿. 实体联系模型理论在学习环境设计中的应用及启示 [J]. 现代教育技术, 2011, 21 (3): 40 - 45.

[136] Vimala S, Nehemiah K H, Saranya G, et al. Analysis and modeling of multivalued attributes in entity relationship modeling: An approach for improved database design [J]. Computer Systems Science and Engineering, 2013, 28 (4): 217 - 223.

[137] Yan L, Ma Z M. Modeling fuzzy information in fuzzy extended entity - relationship model and fuzzy relational databases [J]. Journal of Intelligent & Fuzzy Systems, 2014, 27 (4), 1881 - 1896.

[138] 杜湘红. 水资源环境与社会经济系统耦合建模和仿真测度——基于洞庭湖流域的研究 [J]. 经济地理, 2014, 34 (8): 151-155.

[139] 彭乾, 邵超峰, 鞠美庭. 基于 PSR 模型和系统动力学的城市环境绩效动态评估研究 [J]. 地理与地理信息科学, 2016, 32 (3): 121-126.

[140] 张楠楠, 石水莲, 李博, 等. 基于"压力-状态-响应"模型的土地生态安全评价及预测——以沈阳市为例 [J]. 土壤通报, 2022, 53 (1): 28-35.

[141] 王鹏, 王亚娟, 刘小鹏, 等. 基于 PSR 模型的生态移民安置区土地利用系统健康评价——以红寺堡区为例 [J]. 水土保持研究, 2018, 25 (6): 270-276.

[142] 刘畅, 方长明. 上海市南汇东滩滩涂围垦区农业生态安全评价 [J]. 生态科学, 2014, 33 (3): 553-558, 573.

[143] 梁彦庆, 纪树颖, 史思琪, 等. 基于集对分析的区域城市地价系统稳定性研究——以京津冀地区为例 [J]. 干旱区资源与环境, 2019, 33 (3): 7-12.

[144] 李欣, 方斌, 殷如梦, 等. 基于集对分析法的城市形态与城市居住用地集约利用水平研究——以南京市江宁区为例 [J]. 中国农业资源与区划, 2018, 39 (8): 236-243.

[145] 潘争伟, 吴成国, 周玉良, 等. 基于集对指数势的流域水资源系统脆弱性影响因子分析 [J]. 水电能源科学, 2014, 32 (3): 39-43.

[146] Naderi M, Khamehchi E. Fuzzy logic coupled with exhaustive search algorithm for forecasting of petroleum economic parameters [J]. Journal of Petroleum Science and Engineering, 2019 (176): 291-298.

[147] 韩晓军. 可变模糊集理论在水资源系统中的应用研究 [D]. 大连: 大连理工大学, 2008.

[148] Bao C, Zou J. Analysis of spatiotemporal changes of the human-water relationship using water resources constraint intensity index in northwest china [J]. Ecological Indicators, 2018 (84): 119-129.

[149] 李林汉, 田卫民, 岳一飞. 基于层次分析法的京津冀地区水资源承载能力评价 [J]. 科学技术与工程, 2018, 18 (24): 139-148.

[150] 甘富万, 金彩平, 倪倩, 等. 基于多层次模糊综合评判法的南宁市水资源承载能力现状评价 [J]. 水利水电技术, 2018, 49 (9): 56-63.

[151] Delgado A, Romero I. Environmental conflict analysis using an integrated grey clustering and entropy-weight method: A case study of a mining project in Peru [J]. Environmental Modelling & Software, 2016 (77): 108-121.

[152] 王大本. 基于 WSR-熵值-耦合方法的区域水资源承载力研究——以京津冀地区为例 [J]. 河北工业大学学报 (社会科学版), 2018, 10 (1): 1-8.

[153] 赵海安. 基于熵值法的某河流流域水资源评价及可持续利用优化对策分析 [J]. 地下水, 2017, 39 (3): 118-119.

[154] 李政通, 姚成胜, 邹圆, 等. 中国省际新型城镇化发展测度 [J]. 统计与决策, 2019, 35 (2): 95-100.

[155] 叶雪强, 桂预风. 基于 Markov 链修正的改进熵值法组合模型及应用 [J]. 统计与决策, 2018, 34 (2): 69-72.

[156] Zhao J, Jin J, Zhu J, et al. Water Resources Risk Assessment Model based on the Subjective and Objective Combination Weighting Methods [J]. Water Resources Management, 2016, 30 (9):

3027 - 3042.

[157] Feng Y, Bao Q, Bowen W, et al. Introducing Biological Indicators into CCME WQI Using Variable Fuzzy Set Method [J]. Water Resources Management, 2018, 32 (8), 2901 - 2915.

[158] Huang S, Chang J, Leng G, et al. Integrated index for drought assessment based on variable fuzzy set theory: A case study in the Yellow River basin, China [J]. Journal of Hydrology, 2015 (527): 608 - 618.

[159] 孟丽红, 叶志平, 董书庆, 等. 可变模糊集理论在江西省水资源承载力评价中的应用 [J]. 数学的实践与认识, 2015, 45 (10): 8 - 16.

[160] 潘争伟, 周戎星, 王艳华. 区域水资源系统脆弱性评价的集对分析与可变模糊集方法 [J]. 中国人口·资源与环境, 2016, 26 (S2): 198 - 202.

[161] 张智, 浦鹏, 王敏. 层次分析法与可变模糊集耦合的水环境质量评价模型 [J]. 重庆大学学报, 2014, 37 (5): 117 - 124.

[162] 陈守煜. 水资源系统可变集评价原理与方法 [J]. 水利学报, 2013, 44 (2): 134 - 142.

[163] 陈守煜. 基于可变集的水资源系统可持续发展态势预测原理与方法 [J]. 大连理工大学学报, 2013, 53 (1): 108 - 113.

[164] Zhao S, Tang D. Effect evaluation of the construction of water - saving society in Shanghai [J]. South - to - North Water Transfers and Water Science & Technology, 2014, 12 (6): 173 - 176.

[165] Liu K K, Li C H, Cai Y P, et al. Comprehensive evaluation of water resources security in the Yellow River basin based on a fuzzy multi - attribute decision analysis approach [J]. Hydrology and Earth System Sciences, 2014, 18 (5): 1605 - 1623.

[166] 刘颖. 浙江省主要市界交界断面水质评价研究 [J]. 廊坊师范学院学报 (自然科学版), 2018, 18 (4): 34 - 37.

[167] 王非, 张猛. 基于 DPSR 模型的城市新区生态安全评价研究——以西咸新区沣西新城为例 [J]. 建筑与文化, 2018 (8): 143 - 145.

[168] 赵毅, 徐绪堪, 李晓娟. 基于变权灰色云模型的江苏省水环境系统脆弱性评价 [J]. 长江流域资源与环境, 2018, 27 (11): 2463 - 2471.

[169] 潘争伟, 周戎星, 戚晓明, 等. 水资源环境系统脆弱性分析及评价方法研究 [J]. 华北水利水电大学学报 (自然科学版), 2018, 39 (4): 72 - 78.

[170] 郭力仁, 蒙吉军, 李枫. 基于空间异质性的黑河中游水资源脆弱性研究 [J]. 干旱区资源与环境, 2018, 32 (9): 175 - 182.

[171] 陈祖军, 李珺, 谭显英. 上海城市水资源发展战略研究 [J]. 中国给水排水, 2018, 34 (2): 24 - 30.

[172] Nazemi A, Madani K. Urban water security: Emerging discussion and remaining challenges [J]. Sustainable Cities and Society, 2018 (41): 925 - 928.

[173] Zhao X, Fan X, Liang J. Kuznets type relationship between water use and economic growth in China [J]. Journal of Cleaner Production, 2017 (168): 1091 - 1100.

[174] 霍张玲. 面向最严格水资源管理制度的上海市用水量变化影响因子及控制研究 [D]. 上海: 华东师范大学, 2017.

[175] 李月, 路明, 王寅. 上海市工业用水量与经济发展关系的研究——基于最严格水资源管理制度 [J]. 水利科技与经济, 2016, 22 (6): 75 - 77.

[176] Liu C, Wang Q, Zou C, et al. Recent trends in nitrogen flows with urbanization in the Shanghai

megacity and the effects on the water environment [J]. Environmental Science and Pollution Research, 2015, 22 (5): 3431 – 3440.

[177] Finlayson B L, Barnett J, Wei T, et al. The drivers of risk to water security in Shanghai [J]. Regional Environmental Change, 2013, 13 (2): 329 – 340.

[178] Richter B D, Mathews R, Wigington R. Ecologically sustainable water management: Managing River flows for ecological integrity [J]. Ecological Applications, 2003, 13 (1): 206 – 224.

[179] Feng D, Shen Q. Optimization of Ecological Environment in Shanghai Based on Correlation and Coupling Analysis [J]. Urban Planning Forum, 2015, (6): 75 – 83.

[180] Su Y, Gao W J, Guan D J, et al. Dynamic assessment and forecast of urban water ecological footprint based on exponential smoothing analysis [J]. Journal of Cleaner Production, 2018 (195): 354 – 364.

[181] 杨梦杰. 基于水足迹的上海水资源与经济增长脱钩关系探讨 [D]. 上海: 华东师范大学, 2019.